Funkanlagenrichtlinie 2014/53/EU (RED) für Praktiker

Inhaltsverzeichnis

Sicherheitshinweis:..2

Über dieses Buch...4

Vorwort für Automobilzulieferer...6

Radio – ein Satire auf Designer 7

Negativbeispiel Autoradio..7

    Andere beliebte Designfehler 9

    Machen Sie den Funk-Selbstversuch!..9

Anwendungsbereich der RED-Richtlinie...10

Hintergrund der neuen Funkanlagenrichtlinie (RED)....................................11

Übergangsfristen..13

Fristen im Normalfall..13

Fristen für drahtgebundene Telekommunikationsgeräte................................13

Fristen für Rundfunkempfänger..14

Fristen für Geräte < 9 kHz und Baumusterprüfungen....................................14

Anforderungen 15

    Achtung bei komplexen Systemen!...16

Software..17

Definitionen 18

Pflichten des Herstellers...19

Pflichten des Importeurs (Einführer, Artikel 12)..22

Pflichten für Händler (Art 13)...24

Nachweis - Module...26

Kennzeichnung..27

Dokumentation..28

    Anwendungstipp...30

Konformitätserklärung 32

Vereinfache EU-Konformitätserklärung..33

Was ist mit Übergangsbestimmungen?..34

Schlusswort...34

Literaturverzeichnis..35

Impressum

Horstkotte, Jo

Titel: Funkanlagenrichtlinie

Bibliografische Information der Deutschen Nationalbibliothek

Die Deutsche Nationalbibliothek verzeichnet diese Publikation in der Deutschen Nationalbibliografie; detaillierte bibliografische Daten sind im Internet über die Website http://dnb.d-nb.de abrufbar.

Bestelladresse, sofern nicht bei gängigen Internetanbietern oder im Buchhandel zu bekommen: Jo Horstkotte, Bismarckstr. 18, D-76530 Baden-Baden

Stand: April 2016 II

Copyright: C 2016 Jo Horstkotte

Herstellung und Verlag:
BoD – Books on Demand, Norderstedt
ISBN 978-3-7392-4890-5

Lektorat: Angelika Kastner, M. A., Karlsruhe

Stichworte: CE-Kennzeichnung, RED, Funkanlagen, elektrische Sicherheit, elektromagnetische Verträglichkeit, Normen, Konformitätserklärung, Niederspannungsrichtlinie, EMV-Richtlinie, IT-Geräte

Sicherheitshinweis:

Auf viele erläuternde Worte zur EU wurde verzichtet. Deshalb ist für CE-Neulinge mein Buch „CE-Zeichen für Chefs" quasi die Voraussetzung zum Verständnis.

Da ein erläuternder Text immer auch eine Meinung impliziert und somit Fehlinterpretationen auslösen kann, sind in diesem Buch auch Ausgaben des EU-Amtsblatts abgedruckt. Im Zweifelsfall sind diese Texte die verbindlichen Aussagen zum Thema.

Über dieses Buch

Dieses kleine Buch entstand ursprünglich für einen Kunden, der Fragen zur RED-Richtlinie hatte. Zunächst war meine Begeisterung sehr gering, denn neue Richtlinien bedeuten meist nur *„dezent geänderte Definitionen"* mit sehr viel Schreibarbeit, weil man vorhandene Texte anpassen muss.

Nach einem Blick in die technischen Foren auf verschiedenen Plattformen und dem zweiten Lesen der Richtlinie musste ich feststellen, dass es richtig interessant wurde, zu klären, warum denn nur gewisse Produkte ausgenommen sind und andere in diese Richtlinie einbezogen wurden.

So entstand dieses Buch sehr schnell, wurde bei nur wenigen Kunden getestet und soll auch nicht den Anspruch erheben, alle Fragen zu dieser Richtlinie klären zu können. Es bleibt ein Einstieg für Anwender und der Anspruch, viele typische Fragestellungen zu klären.

Ich empfehle, zuerst dieses Buch „querzulesen" um sich mit den Themen vertraut zu machen und sich im zweiten Durchgang auf die wenigen wirklich durchzuarbeitenden Seiten zu beschränken.

Wenn Sie längere Textabschnitte in *kursiv* sehen, sind dies Zitate aus dem EU-Text. Die Sprache mag im ersten Moment etwas seltsam erscheinen, ist aber sehr eindeutig und im Gegensatz zu deutschen Juristenausdrücken auch verständlich und deshalb von umliegenden Ländern, womit nicht nur Österreich und die Schweiz gemeint sind, akzeptiert.

Amateuren, die meinen mithilfe dieses Buchs Funkanlagen von außerhalb der EU importieren zu können, sei gesagt, dass es zahlreiche weitere Richtlinien gibt, die zu beachten sind, und ebenso zahlreich die Fehler sein können, die hausgemacht sein können oder von anderen zugearbeitet werden. Wer mehr dazu wissen möchte, möge mein Buch „CE-Zeichen für Chefs" lesen und insbesondere die Hinweise beachten, die ich in dem dortigen Kapitel „Wenn das Produkt zu schlecht ist" zusammengefasst habe.

Denn diese Funkanlagenrichtlinie wird nur selten ganz allein angewendet werden müssen; meistens sind weitere Richtlinien von RoHS bis Spielzeug anzuwenden und immer die im Hintergrund wirkende Produktsicherheitsrichtlinie, die grundlegende Erwartungen in der Sprache des Verwenderlandes wie eine brauchbare Bedienungsanleitung definiert. Ich verstehe bis heute nicht, warum eigentlich seriöse Firmen aus dem IT-Sektor Endanwenderprodukte verkaufen, die ohne CE-konforme Bedienungsanleitung ausgeliefert werden ...

Ganz klar ist, dass Hersteller großer Sendeanlagen dieses Buch nur für Praktikanten verwenden können, die einmal in die Welt der Sender hineinschnuppern. Ähnliches gilt für Mitarbeiter von Prüflaboren, die oft zurecht sagen oder mailen, dass ich manche Details etwas zu lax handhabe. Dennoch habe ich den Anspruch, zu helfen, dass bei diesen Personengruppen mancher grundlegende Fehler vermieden wird.

Wenn Sie weitere Informationen, insbesondere zum Thema „Europa und CE-Richtlinien" benötigen, dann lesen Sie bitte mein Buch „CE-Zeichen für Chefs" (zurzeit ISBN 978-3737-522-892), in dem alle CE-Richtlinien und die Anwendungen beschrieben werden.

Wenn Sie tiefere Informationen zur elektrischen Sicherheit suchen, dann sehen Sie sich bitte die WEKA-Software „Niederspannungscheck" an (ISBN 978-3-8111-7231-9), die ich für den WEKA-Verlag erstellt habe, regelmäßig ergänze und aktualisiere.

Vorwort für Automobilzulieferer

Die heutigen Fahrzeuge enthalten zahlreiche Funksysteme wie:

- Autoradio (MW, UKW, DAB),

- Webzugangsfunktionen für Fahrer, Navigation oder auch Passagiere,

- mögliche Fernüberwachung und -wartung,

- den ab 2018 verbindlichen Notfallsender,

- Türschließfunktionen,

- Funktransmitter z. B. für Reifendruckkontrollsysteme,

- nachgerüstete Kameras (Anhängerbetrieb),

- Radarsysteme von Einparkhilfe bis Nachtsichtunterstützung.

Damit sind zahlreiche Systeme vorhanden, die nicht alle vom Originalhersteller auf gegenseitige Verträglichkeit überprüft worden sind.

Es ist auch nur eine Frage der Zeit, bis jetzige Systeme, die z. B. den Reifendruck messen und nach Versagen der Batterie nur weggeworfen werden können, gegen „ecodesignte" Funksender mit austauschbaren Batterien ersetzt werden, selbst wenn das Zentralgerät gleich bleibt. 2015 kostete dieser „Batterietausch" mehrere Hundert Euro und damit das Mehrfache eines komplett neuen (Zubehör-)Systems – welches bei meinen Erfahrungen mit derzeit drei Pkws auch deutlich zuverlässiger als das Modell vom Fahrzeughersteller war!

Die aktuelle Haltung von Premiumherstellern, dem Kunden zu sagen *„neue Technik gibt es immer nur im neuen Modell"* ist meines Erachtens Marketing-quatsch und sollte geändert werden, auch wenn zu befürchten ist, dass erst die EU-Kommission diesen Kundenwunsch durchsetzen kann!

Radio – ein Satire auf Designer

Es gibt Kapitel, da hätte ich noch vor wenigen Jahren gesagt, dass diese kein Mensch braucht. Aber nachdem ich erleben musste, wie unausgereifte Radios auf den Markt gebracht werden und Anwender wie ich erleben müssen, wie doof man die Funktion „Radio" umsetzen kann, muss ich Ihnen einfach einmal verschiedene Schwachpunkte von Radios vorstellen.

Es geht gerade im Heimbereich mit den banalen Funktionen los, wie dem Einschalten. Es ist unglaublich, wie schlecht beschriftet oder gekennzeichnet und wenig intuitiv man Ein/Aus-Schalter an ein Gerät anbringen kann – je schlimmer, umso mehr nennt es sich „Design".

Wenn das noch nicht ausreicht, verstecken Sie den Lautstärkeregler so, dass Sie bei einem Anruf bestimmt nicht mehr in wenigen Sekunden das Radio ausstellen oder zumindest leise drehen können. Und als Krönung für unsanften Betrieb dazu dann noch einen Einschalt-"Bums" oder ähnliche lautstarke Effekte erzeugen.

Wie erkennen Sie, in welchem Frequenzbereich Sie sind? Es gibt außer UKW z. B. DAB, das oft wesentlich besseren Empfang von mehr Sendern ermöglicht. Oder stellen Sie sich einfach vor, wie Sie im Ausland dieses Radio einsetzen würden (ich gehöre noch zu denen, die vor wenigen Jahren noch viel Lang-, Mittel- und Kurzwelle gehört haben ...) nicht immer kennt man die Frequenzen oder kann mit den Kürzeln, die im Display auftauchen, etwas anfangen!

Je mehr Design, um so klappriger muss das Gehäuse sein und dazu auf dem Tisch wackeln – eine Dröhnentkopplung z. B. durch Gummifüße ist zu vermeiden.

Kurzgefasst:

Bei einfachen und vertrauten Dingen

ist es nicht einfach,

einfache Bedienbarkeit zu konstruieren!

Negativbeispiel Autoradio

Ein Autoradio von heute hat viele Funktionen, da der Kunde neben dem klassischen Radioempfang (UKW wird demnächst durch DAB ersetzt!) z. B. auch Navigationslösungen erwartet, wie das Einbinden des eigenen Mobiltelefons und z. B. eine beim heutigen Design von Autos meist unverzichtbare Rückfahrkamera. Das ist aber alles für den Einsatz von Autoradios kein besonderes Problem. Probleme entstehen beim Bedienen, weil die Grundfunktionen wie

- laut/leise stellen oder

- Senderwechsel oder

- Medienwechsel (USB/CD/Radio)

blind durchgeführt werden sollten. Denn es ist äußerst ärgerlich, auf der Autobahn, wie es üblich ist, im 20-m-Abstand bei über 130 km/h zu fahren und gleichzeitig auf dem Touchbildschirm (fürs Auto eine totale Fehlentwicklung, denn wo ist die Rückmeldung, z. B. der Tastendruck?) einen anderen Sender zu suchen.

Zum Glück haben aktuelle Radios meist noch einen Drehknopf zum laut und leise stellen, den auch die Oma erwischt, wenn Sie etwas sagen möchte. Ob es tatsächlich noch die gültige Vorgabe in ECE-Regelungen für Automobilzulassungen gibt, die diesen unabdingbar forderte, habe ich in der Kürze der Zeit nicht nachgeforscht.

Hightechradios lassen auch erwarten, dass man unterwegs den Sender stets in guter Qualität hören kann; dazu wechseln Radios schon seit analoger Zeit mittels des RDS-Systems und bei DAB auf ähnlichem Wege die Empfangsfrequenz. Solche Wechsel sind im Labor schwer zu simulieren und benötigen aufwendiges Equipment – und meist auch Testfahrten in Bergregionen.

Ich erwischte 2015 ein Radio, das mir wärmstens empfohlen worden war, welches zu doof war, bei schwachem Sender umzustellen, ab und zu doch mal zu suchen *(obwohl die Daten vorher eigentlich hätten ausgewertet werden können)* und so bei uns als „Rausch-Radio" berühmt wurde. Wer es schnell antesten möchte, möge einen Tunnel durchfahren, der aufgrund der Länge mit Radioumsetzern versehen ist *(wie z. B. der Tunnel der B 500 in Baden-Baden)*. Wenn das Radio (RDS) den Sender nicht automatisch umstellen kann, ist es ein schlechtes Autoradio, da man heute diese Funktion erwartet.

Und um das Kapitel zum Abschluss zu bringen: Die EU hat richtig erkannt, dass die Leistungsfähigkeit von Funknetzen nicht nur von den Sendern, sondern auch vom Auswerten der Signale im Empfänger abhängt. So wurde eine sehr alte Tradition „Sender haben andere Normen als Empfänger" aufgelöst und beide Geräte, die unabdingbar aufeinander angewiesen sind, zusammengefasst!

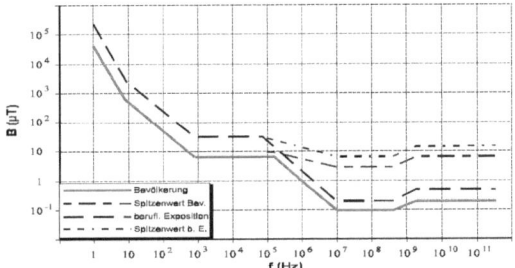

Für Besserwisser: Kennen Sie die Abbildung oben? Es ist kein Messergebnis, es sind die Grenzwerte für magnetische Felder (EMF).

Andere beliebte Designfehler ...

Bei Designartikeln sind Stromversorgungen grundsätzlich nicht zu beschriften, so wie es die CE-Richtlinien fordern – die rechtlichen Vorgaben werden stets kritisiert und dann doch mit Lichtgrau auf Weiß dargestellt, gut zu sehen bei Geräten mit einem angebissenen Obstsymbol.

Infolge dieses Verhaltens werden Geräte schon vor Ablauf der Garantiezeit mit falschen Netzteilen oder gar Batterien versorgt, was dazu beiträgt, dass durch falsche Spannungen das Gerät irreparabel geschädigt wird oder zumindest der Lithium-Ionen-Akku so tief entladen wird, dass dieser ersetzt werden muss.

Für alle jungen Menschen, die mit Smartphones an den Fingern groß geworden sind, die Bitte, mal zu erleben, wie ein Smartphone bedient wird, das auf arabische Schrift eingestellt ist – die Bildchen sind sehr ähnlich, aber dann hört es auch schon auf, weil Araber eben von rechts nach links schreiben ... es ist einfach alles anders!

An den Konstrukteur deshalb die Frage, ob man nicht zuerst Einstellungen wie Sprache z. B. für ein Radio im Hotel vorsehen sollte – an den derzeitigen Lösungen wie *„immer Kopfhörer und eigenes Smartphone"* sieht man, wie schlecht viele Lösungen sind!

Und:

Wer ältere Geräte, die entsorgt werden, untersucht, stellt erstaunt fest, wie viele Geräte nur zu einem sehr geringen Teil benutzt worden sind. Auch sind Geräte anzutreffen, die „ausgepackt und vergessen" worden sind, also nie zur angedachten Funktion genutzt wurden. Die Gründe dafür sind vielfältig, oft genug ist es aber das unpraktische Design der Hardware oder auch der Software, die eine angedachte Nutzung durch den Kunden verhinderten!

Machen Sie den Funk-Selbstversuch!

Zuvor noch ein kleiner gedanklicher Ausflug: Vor gar nicht langer Zeit wurde beim Einsatz von Mobiltelefonen behauptet, dass sich das eigene Auto wie ein faradayscher Käfig verhalten würde. Entsprechend wurden gerne Außenantennen verbaut und umfangreiche Zusatzgeräte verkauft. Wer damals das Glück hatte, mit sinnhaften Messgeräten nachzumessen, grinste meist, denn der Unterschied innen oder außen am Fahrzeug war als Faktor von „fast nichts" bis „Faktor drei" zu bewerten – je nach Messskala. Von Abschirmung jedenfalls kaum eine Spur. Deshalb mein Tipp: Glauben Sie nicht jedem Gerede, messen Sie, wenn möglich, selbst.

Empfehlung für einen echten HF-Versuch:

Ziehen Sie bei Ihrer Mikrowelle einmal den Netzstecker, legen Sie Ihr Mobiltelefon in das Gerät (einschalten geht ja nicht, da Stecker gezogen) und rufen Sie ihr Mobiltelefon an – es wird klingeln, denn die Schirmungswirkung auch einer Mikrowelle ist nicht so gut, wie man uns im Fernsehen oder im schlechten Physikunterricht vormacht.

Anwendungsbereich der RED-Richtlinie

Die Definition ist in der neuen Richtlinie leider auf Artikel 1 und 2 sowie den Anhang 1 verteilt und umfasst eigentlich alles, was man mit Funksender und Funkempfänger beschreiben kann:

Eine Funkanlage *„ist ein elektrisches oder elektronisches Erzeugnis, das zum Zweck der Funkkommunikation und/oder der Funkortung bestimmungsgemäß Funkwellen ausstrahlt und/oder empfängt, oder ein elektrisches oder elektronisches Erzeugnis, das Zubehör, etwa eine Antenne, benötigt, damit es zum Zweck der Funkkommunikation und/oder der Funkortung bestimmungsgemäß Funkwellen ausstrahlen und/oder empfangen kann"* (Artikel 2 Abs. 1 Nr. 1).

<u>Von dieser Definition ausgenommen</u> sind folgende, im Anhang 1 genannte Produkte bzw. Anlagen:

- Funkanlagen, die von Funkamateuren im Sinne des Artikels 1 Definition 56 der Vollzugsordnung für den Funkdienst im Rahmen der Internationalen Fernmeldeunion verwendet werden, es sei denn, die Anlagen werden auf dem Markt bereitgestellt.

- Folgende Gegenstände gelten als nicht auf dem Markt bereitgestellt, egal ob es

    a) Bausätze für Funkanlagen, die von Funkamateuren zusammengebaut und für ihre Zwecke verwendet werden; oder

    b) Funkanlagen, die von Funkamateuren umgebaut und für ihre Zwecke verwendet werden; oder

    c) Geräte, die von einzelnen Funkamateuren im Rahmen des Amateurfunkdienstes zu experimentellen und wissenschaftlichen Zwecken zusammengebaut wurden, sind.

- Schiffsausrüstung, die von der Richtlinie 96/98/EG des Rates erfasst wird.

- Erzeugnisse, Teile und Ausrüstungen an Bord von Luftfahrzeugen, die in den Anwendungsbereich des Artikels 3 der Verordnung (EG) Nr. 216/2008 des Europäischen Parlaments und des Rates fallen.

- Kunden- und anwendungsspezifisch angefertigte Erprobungsmodule, die von Fachleuten ausschließlich in Forschungs- und Entwicklungseinrichtungen für ebensolche Zwecke verwendet werden.

<u>Achtung: die früheren Ausnahmen</u>

- Rundfunkgeräte (geändert, jetzt sind Rundfunkgeräte von dieser Funkanlagenrichtlinie erfasst) und

- Kabel und Drähte

sind nicht mehr genannt.

Es bleibt abzuwarten, was als Elementarbauteil bewertet wird (kein CE, zumindest nicht nach Funkanlagen- oder EMV-Richtlinie) und was als funktionelles Kabel (wie USB-Kabel, diese müssen CE-gekennzeichnet sein, zumeist wegen RoHS).

Selbst eine eigentlich banale Sache wie eine passive Antenne ist nicht eindeutig im Anwendungsbereich bzw. wird nicht mehr als Ausnahme genannt, wie dies noch im Leitfaden zur alten Richtlinie 1999/5/EG der Fall war.

Kein

mehr!

Was auch entfällt, sind die noch bis zum 13.6.2016 geltenden alten Regelungen wie z. B. die Einteilung in zwei Geräteklassen (auf Basis der Entscheidung 2000/99/EG):

* *Im Sinne des Artikels 1 Abs. 1 der Entscheidung befinden sich Geräte, die ohne Einschränkungen in Verkehr gebracht und in Betrieb genommen werden können, in der Klasse 1. Die Kommission veröffentlicht, in Absprache mit den Mitgliedsstaaten, eine nicht erschöpfende Aufstellung von Geräten, die in dieser Klasse eingestuft sind.*

* *Im Sinne des Artikels 1 Abs. 2 der Entscheidung befinden sich Geräte, deren Frequenznutzung nicht gemeinschaftsweit harmonisiert ist, in der Klasse 2. Diese Geräte sind mit einem 'Achtungszeichen' zu versehen und müssen gemäß der R&TTE-Richtlinie vier Wochen vor dem erstmaligen Inverkehrbringen notifiziert werden (siehe Notifizierung von Funkanlagen).*

* *Sofern Funkgeräte der Klasse 2 ausschließlich harmonisierte Frequenzbänder verwenden, ist eine Notifizierung gemäß Artikel 6 (4) der R&TTE-Richtlinie nicht notwendig.*

 **Hinweis:** Es bleibt auch bei der neuen Richtlinie die Kennzeichnung mit vier Ziffern, eben der Kennnummer der eingeschalteten benannten Stelle, wenn ein entsprechendes Verfahren gewählt wurde.

Keinesfalls darf bei Modul A Selbsterklärung einfach eine Zahlenfolge angehängt werden!

Hintergrund der neuen Funkanlagenrichtlinie (RED)

Die Niederspannungsrichtlinie 2014/35/EU fordert nicht nur die übliche elektrische Sicherheit und Brandsicherheit, sondern deckt auch den Fall „Wirkungen durch Strom im menschlichen Körper" ab, was zu bislang seltsamen Rechtskonstruktionen führte, wenn EMV oder gar Funkwirkungen beschrieben werden sollten.

Die neue RED-Richtlinie soll besser als die Vorgängerrichtlinie doppelte Regelungen vermeiden, gleichzeitig aber, sofern notwendig, auf bestehende EMV-Vorgaben und elektrische Sicherheit verweisen.

Das klingt alles normal, jetzt aber kommen drei ungewohnte Aussagen:

1. Radios sind jetzt von der Richtlinie erfasst. Die Begründung im EU-Wortlaut ist: *„Obwohl Empfänger selbst keine funktechnischen Störungen verursachen, kommt den Empfangsfähigkeiten eine immer größere Bedeutung für die effiziente Nutzung von Funkfrequenzen durch größere Störfestigkeit der Empfänger gegen funktechnische Störungen und unerwünschte Signale gemäß den einschlägigen grundlegenden Anforderungen der Harmonisierungsrechtsvorschriften der Union zu."* (siehe Erwägungsgründe wie Nr. 11)

2. Dann haben sich viele Menschen vor Jahren über die seltsamsten Steckerlösungen für immer das gleiche Problem geärgert, eben das Mobiltelefon aufzuladen. Die EU hatte damals sehr dezent direkt die Hersteller dazu bewegt, hier eine Lösung zu finden. Jetzt lautet die Lösung für solche Probleme etwas umfangreicher *„In einigen Fällen ist die Kommunikation mit anderen Funkanlagen über Netze und die Verbindung mit Schnittstellen des geeigneten Typs in der gesamten Union notwendig. Durch die Interoperabilität von Funkanlagen und Zubehör wie Ladegeräten wird die Nutzung von Funkanlagen vereinfacht und zur Verringerung unnötigen Abfalls und zur Senkung von Kosten beigetragen. Neuerliche Anstrengungen zur Entwicklung eines einheitlichen Ladegeräts für bestimmte Kategorien oder Klassen von Funkanlagen sind, insbesondere zum Nutzen der Verbraucher und anderer Endnutzer, notwendig; daher sollte diese Richtlinie spezifische Anforderungen in diesem Bereich enthalten. Insbesondere sollten auf dem Markt bereitgestellte Mobiltelefone mit einem gemeinsamen Ladegerät kompatibel sein."* (siehe Erwägungsgründe *Nr. 12*)

3. Der dritte Punkt ist für Techniker etwas ungewohnt, nach kurzem Nachdenken wird man aber erkennen können, dass es richtig ist, auf der Geräteebene dieses Problem des Datenschutzes bzw. der Verwendung von Daten anzugehen. Die EU sagt es so: *„Der Schutz personenbezogener Daten und der Privatsphäre der Nutzer von und Teilnehmer an Funkanlagen sowie der Schutz vor Betrug können durch besondere Funktionen der Anlagen verbessert werden. In entsprechenden Fällen sollten Funkanlagen daher so konzipiert sein, dass sie diese Funktionen unterstützen."* (siehe Erwägungsgründe wie Nr. 13)

Weitere Anforderungen, die aber nicht so abweichend von anderen EU-Richtlinien sind, sind ebenfalls modernisiert enthalten. So müssen alle Wirtschaftsakteure mithelfen, nur den Richtlinien entsprechende Produkte zu verkaufen, auch soll neben der verpflichtend anzugebenden Postadresse eine Webadresse angegeben werden.(Erwägungsgründe Nr. 26 bis 28).

Übergangsfristen

Nur auf den ersten Blick sind die Übergangsfristen in Artikel 49 angegeben, eben mit Datum 13. Juni 2016. Die Anwender dürfen diese Richtlinie ab dem 20sten Tag nach Bekanntmachung (22. Mai 2014) anwenden, lösen damit aber möglicherweise Unverständnis bei den überwachenden Behörden aus, denn diese erwarten eine Aussage entsprechend den im Lande geltenden Gesetzen. So liegt z. B. in Deutschland erst im seit August 2015 ein Entwurf für die Gesetzesänderung vor, im Januar 2016 war noch kein Gesetz verabschiedet.

Für Besserwisser der Hinweis: Die alte EMV- und die Niederspannungsrichtlinie werden spätestens zum 18. April 2016 durch die neuen Richtlinienausgaben ersetzt. Wer nun annimmt, dass bis 13. Juni 2016 eine etwas richtlinienlose Zeit für Rundfunkempfangsgeräte und Funkanlagen besteht, irrt, denn in vergleichbaren Fällen galt die Vorgabe „neue Richtlinie anwenden" damit kein richtlinienloser Zustand besteht. Hier ist die Sinnhaftigkeit der alten und neuen Regelungen zu beachten, die nie eine ausschließlich datumsgenaue Anwendung zugelassen haben. Insbesondere bei so kleinen Unterschieden, die eher formalen Charakter haben, sind die grundlegenden Regelungen nach Richtlinie 768/2008/EG zu beachten. Deutschen Juristen sei gesagt, dass die EU andere Vorgehensweisen kennt als die Anwendung des deutschen Geräte- und Produktsicherheitsgesetzes.

Fristen im Normalfall

Relativ unstrittig ist die Pflicht zur Anwendung vom 13. Juni 2016 an, für Geräte, die der alten Richtlinie 1999/5/EG unterliegen, übergangsweise bis 13.Juni 2017. Die Sachlage ist aber nicht banal, denn eine Benennung der Richtlinie 2014/53/EU auf den Konformitätserklärungen kann vom 13.6.2016 an deklariert werden, danach besteht ein Jahr Übergangsfrist (der Hersteller kann wählen, ob er die alte oder neue Richtlinie deklariert), sofern nicht folgender Ausnahmezustand besteht:

Fristen für drahtgebundene Telekommunikationsgeräte

Da drahtgebundene Telekommunikationseinrichtungen mit Anwendung der neuen Richtlinie vom Anwendungsbereich ausgeschlossen sind, ist hier eine neue Konformitätserklärung mit Schwerpunkt EMV-Richtlinie auszustellen.

Stichtag ist der 13.6.2016; ob dies in der Praxis durchführbar ist, sollte man auch anhand aktueller EU-Informationen klären. Da z. B. in Deutschland zum Jahresende 2015 keine Richtlinienumsetzung erfolgte, ist ein echter rechtlicher Durchgriff kaum möglich; allerdings werden viele andere Länder dies nicht beachten und deutsche Hersteller im Zweifelsfall vom Markt nehmen, wenn den Behörden anderer EU-Länder die Aussagen von deutschen Herstellern nicht genügen. Sehen Sie sich einfach Reaktionen z. B. auf den VW-Abgaskandal an – solche Fahrzeuge sind aktuell in manchen Ländern[1] völlig unverkäuflich, da keine Zulassung möglich ist, solange die Sachlage nicht geklärt ist!

---

1 Siehe z. B. http://deutsche-wirtschafts-nachrichten.de/2015/10/02/schweiz-verbietet-zulassung-von-vw-dieselautos.

Fristen für Rundfunkempfänger

Der Fall, dass Radios, Fernseher und ähnliche Rundfunkempfänger vorher schon die Richtlinie 1999/5/EG eingehalten haben, dürfte die Ausnahme sein. Allgemein gilt, dass vom 20.4.2016 an und spätestens vom 13.6.2016 an diese der RED-Richtlinie 2014/53/EG unterliegen und nicht mehr der bis dahin anzuwendenden EMV-Richtlinie.

Fristen für Geräte < 9 kHz und Baumusterprüfungen

Der Sonderfall „Funkanlagen bis 9 kHz" unterliegt vom 13.6.2016 an der neuen RED-Richtlinie.

Einzeln durch Baumusterprüfung zugelassene Funkanlagen können noch bis zum 12. August 2018 entsprechend den Baumusterprüfbescheinigungen auf dem europäischen Markt verkauft werden – möglicherweise ist hier aber mit den Prüfstellen Rücksprache zu nehmen, denn in kritischen Bereichen sind viele Details nur in den einzelnen Zulassungspapieren festgehalten worden. Normänderungen können ähnliche Wirkungen haben; formal ist spätestens vom 12. August 2018 an die Regelung des Artikels 5 anzuwenden.

Anforderungen

Die Richtlinie enthält in Artikel 3 die grundlegenden Anforderungen, die aber nicht unbedingt jedem Anwender sofort klar sein werden, deshalb hier die kurze Erläuterung:

1. Die erste Anforderung betrifft die elektrische Sicherheit, die entsprechend den Formulierungen der Niederspannungsrichtlinie *(aber ohne deren Spannungsgrenzen)* gemacht wurde, was vereinfacht bedeutet, dass keine Gefahr durch Stromschlag, durch Brand *(ausgelöst durch elektrische Wirkungen)* oder sonstige Wirkungen ausgelöst werden darf. Wer mehr dazu wissen möchte, möge bei der Niederspannungsrichtlinie nachschlagen.

2. Die zweite Anforderung betrifft die elektro-magnetische Verträglichkeit, die im Prinzip durch die Vorgaben der EMV-Richtlinie abgedeckt wird, wenn man berücksichtigt, dass auf mindestens einer Frequenz bzw. einem Band ein Sender senden muss, um ein Sender zu sein.

3. Die dritte Anforderung betrifft den Wunsch, solche elektrischen Geräte mit möglichst normalen Steckverbindungen zu betreiben, z. B. mit Netzteilen mit gleichen Steckern und vergleichbaren Spannungen und Strömen. Wobei dies sehr banal gesagt ist, selbstverständlich geht es auch um die Nutzung von Frequenzbändern mit einheitlichen Standards wie WLAN etc.

Nun also der Text der EU-Richtlinie als Zitat, wobei wir hier das Wort „Baumuster" eher im Sinne von „auf dem Markt bereitgestellte Geräte" verstanden werden sollte:

Bei Funkanlagen muss durch ihr Baumuster Folgendes gewährleistet sein:

> *a) der Schutz der Gesundheit und Sicherheit von Menschen und Haus- und Nutztieren sowie der Schutz von Gütern einschließlich der in der Richtlinie 2014/35/EU enthaltenen Ziele in Bezug auf die Sicherheitsanforderungen, jedoch ohne Anwendung der Spannungsgrenze,*

> *b) ein angemessenes Niveau an elektromagnetischer Verträglichkeit gemäß der Richtlinie 2014/30/EU.*

(2) Funkanlagen müssen so gebaut sein, dass sowohl eine effektive Nutzung von Funkfrequenzen erfolgt als auch eine Unterstützung zur effizienten Nutzung von Funkfrequenzen gegeben ist, damit keine funktechnischen Störungen auftreten.

(3) Funkanlagen müssen in bestimmten Kategorien oder Klassen so konstruiert sein, dass sie die folgenden grundlegenden Anforderungen erfüllen:

> • *Sie sind mit Zubehör, insbesondere mit einheitlichen Ladegeräten, kompatibel.*

> • *Sie arbeiten über Netzwerke mit anderen Funkanlagen zusammen.*

- *Sie können unionsweit über Schnittstellen des geeigneten Typs miteinander verbunden werden.*

- *Sie haben weder schädliche Auswirkungen auf das Netz oder seinen Betrieb noch bewirken sie eine missbräuchliche Nutzung von Netzressourcen, wodurch eine unannehmbare Beeinträchtigung des Dienstes verursacht würde.*

- *Sie verfügen über Sicherheitsvorrichtungen, die sicherstellen, dass personenbezogene Daten und die Privatsphäre des Nutzers und des Teilnehmers geschützt werden.*

- *Sie unterstützen bestimmte Funktionen zum Schutz vor Betrug.*

- *Sie unterstützen bestimmte Funktionen, die den Zugang zu Rettungsdiensten sicherstellen.*

- *Sie unterstützen bestimmte Funktionen, die ihre Bedienung durch Menschen mit Behinderungen erleichtern sollen.*

- *Sie unterstützen bestimmte Funktionen, mit denen sichergestellt werden soll, dass nur solche Software geladen werden kann, für die die Konformität ihrer Kombination mit der Funkanlage nachgewiesen wurde. Der Kommission wird die Befugnis übertragen, gemäß Artikel 44 delegierte Rechtsakte zu erlassen, in denen festgelegt wird, welche Kategorien oder Klassen von Funkanlagen von den einzelnen in diesem Absatz in Unterabsatz 1 Buchstaben a bis i genannten Anforderungen betroffen sind.*

Achtung bei komplexen Systemen!

Die Richtlinie enthält einen Artikel 5, der sehr weich formuliert ist und bislang wenig diskutiert wurde.

Wer „*Geräte mit einem geringen Maß an Konformität mit den grundlegenden Anforderungen in Verkehr bringt*" hat nicht banal Funkstörer oder Geräte mit schlechten EMV-Eigenschaften, hier gemeint sind Geräte, die vor Betrug oder eben zum Schutz der Privatsphäre und Ähnlichem dienen sollen.

Dies ist ein Thema, welches sich nicht in starker technischer Entwicklung befindet und vermutlich demnächst, die Funkanlagenrichtlinie nennt den Termin 12. Juni 2018, zusätzlich geregelt wird oder zumindest zentral erfasst wird. Diese Regelung macht Sinn, wenn es sich z. B. um Kreditkartenabrechnungssysteme handelt.

Viele Details sind in Normen geregelt, allerdings lag mir 2016 eine Norm vor, die schon in einem Teil, also einer Datei, über 5000 Seiten umfasste. Damit ist diese Norm völlig unlesbar und kaum überprüfbar!

Software

Es gab Probleme bei WLAN-Normen, als die entsprechenden Geräte mit anderer Software eingesetzt wurden und sich dann anders verhielten. Deshalb befindet sich aktuell folgende Aussage in der EU-Richtlinie:

Artikel 4: Bereitstellung von Informationen über die Konformität von Kombinationen aus Funkanlagen und Software

(1) Die Hersteller von Funkanlagen und von Software, welche die bestimmungsgemäße Nutzung von Funkanlagen ermöglicht, liefern den Mitgliedsstaaten und der Kommission Informationen über die Konformität beabsichtigter Kombinationen von Funkanlagen und Software mit den grundlegenden Anforderungen in Artikel 3. Solche Informationen sind das Ergebnis einer Konformitätsbewertung nach Maßgabe des Artikels 17 und werden in Form eines Hinweises zur Konformität erteilt, der die in Anhang VI aufgeführten Angaben beinhaltet. In Abhängigkeit von der jeweiligen spezifischen Kombination aus Funkanlage und Software muss aus den Informationen eindeutig hervorgehen, welche Funkanlage und Software bewertet wurde, und die Informationen sind stets auf dem aktuellen Stand zu halten.

(2) Der Kommission wird die Befugnis übertragen, gemäß Artikel 44 delegierte Rechtsakte zu erlassen, in denen festgelegt wird, welche Kategorien oder Klassen von Funkanlagen von den Anforderungen in Absatz 1 betroffen sind.

(3) Die Kommission erlässt Durchführungsrechtsakte, in denen sie in Bezug auf die Kategorien und Klassen, die in nach Maßgabe von Absatz 2 erlassenen delegierten Rechtsakten festgelegt wurden, die praktischen Regelungen dazu festlegt, wie die Informationen über die Konformität verfügbar zu machen sind. Diese Durchführungsrechtsakte werden gemäß dem in Artikel 45 Absatz 3 genannten Prüfverfahren erlassen.

In der Praxis wird derzeit diskutiert, ob z. B. eine andere Software für Router aus einem CE-Gerät ein völlig neues Gerät macht, wobei ich der Meinung bin, dass die (alte) bestehende CE-Kennzeichnung bleibt, auch wenn die Software verändert wurde. Dies ist aber immer vom Einzelfall abhängig, solange vonseiten der EU z. B. mithilfe eines Leitfadens nicht europaweit einheitliche Vorgaben existieren.

Definitionen

Die folgenden Definitionen aus Artikel 2 der Richtlinie sind für den folgenden Abschnitt wichtig und werden deshalb hier aufgeführt:

- „Inverkehrbringen" - die erstmalige Bereitstellung von Funkanlagen auf dem Unionsmarkt;

- „Inbetriebnahme" - die erstmalige Verwendung von Funkanlagen in der Union durch ihren Endnutzer;

- „Hersteller" - jede natürliche oder juristische Person, die Funkanlagen herstellt oder Funkanlagen entwickeln oder herstellen lässt und sie unter ihrem Namen oder ihrer Handelsmarke in Verkehr bringt;

- „Bevollmächtigter" - jede in der Union ansässige natürliche oder juristische Person, die vom Hersteller schriftlich ermächtigt wurde, in seinem Namen bestimmte Aufgaben wahrzunehmen;

- „Einführer" - jede in der Union ansässige natürliche oder juristische Person, die eine Funkanlage aus einem Drittstaat auf dem Unionsmarkt in Verkehr bringt;

- „Händler" - jede natürliche oder juristische Person in der Lieferkette außer dem Hersteller oder dem Einführer, die Funkanlagen auf dem Markt bereitstellt;

- „Wirtschaftsakteur" - der Hersteller, der Bevollmächtigte, der Einführer und der Händler.

Pflichten des Herstellers

Der Original-EU-Text gibt es am besten wieder, was lange Diskussionen mit Kunden erübrigen kann. Beachten Sie bitte die Pflicht zur Bedienungsanleitung in Nummer 8, und vorweg, muss ich darauf hinweisen, dass man korrekt vermutet, dass die EU auch diesen Fall beschrieben hat: *„Ein Einführer oder Händler gelten als Hersteller im Sinne dieser Richtlinie und unterliegt den Pflichten eines Herstellers nach Artikel 10, wenn er eine Funkanlage unter seinem eigenen Namen oder seiner eigenen Handelsmarke in Verkehr bringt oder eine bereits in Verkehr befindliche Funkanlage so verändert, dass die Konformität mit dieser Richtlinie beeinträchtigt werden kann."*

Damit zu den Anforderungen an den Hersteller:

(1) Die Hersteller gewährleisten, wenn sie ihre Funkanlagen in Verkehr bringen, dass diese entsprechend den grundlegenden Anforderungen in Artikel 3 entworfen und hergestellt wurden.

(2) Die Hersteller gewährleisten, dass Funkanlagen so konstruiert sind, dass sie in mindestens einem Mitgliedsstaat betrieben werden können, ohne die geltenden Vorschriften über die Nutzung der Funkfrequenzen zu verletzen.

(3) Die Hersteller erstellen die technischen Unterlagen gemäß Artikel 21 und führen das einschlägige Konformitätsbewertungsverfahren gemäß Artikel 17 durch oder lassen es durchführen. Wurde die Konformität der Funkanlage mit den geltenden Anforderungen im Rahmen dieses Konformitätsbewertungsverfahrens nachgewiesen, stellt der Hersteller eine EU-Konformitätserklärung aus und bringt das CE-Zeichen an.

(4) Die Hersteller bewahren die technischen Unterlagen und die EU-Konformitätserklärung zehn Jahre ab dem Inverkehrbringen der Funkanlage auf.

(5) Die Hersteller gewährleisten durch geeignete Verfahren, dass stets Konformität mit dieser Richtlinie bei Serienfertigung sichergestellt ist. Änderungen des Entwurfs einer Funkanlage oder an ihren Merkmalen sowie Änderungen der harmonisierten Normen oder sonstiger technischer Spezifikationen, auf die bei Erklärung der Konformität einer Funkanlage verwiesen wird, werden angemessen berücksichtigt. Die Hersteller nehmen, falls dies angesichts der von einer Funkanlage ausgehenden Gefahren als zweckmäßig betrachtet wird, zum Schutz der Gesundheit und der Sicherheit der Endnutzer Stichproben von auf dem Markt bereitgestellten Funkanlagen, nehmen Prüfungen vor, führen erforderlichenfalls ein Verzeichnis der Beschwerden, der nichtkonformen Funkanlagen und der Rückrufe und halten die Händler über diese Überwachung auf dem Laufenden.

(6) Die Hersteller gewährleisten, dass die von ihnen in Verkehr gebrachten Funkanlagen eine Typen-, Chargen- oder Seriennummer oder ein anderes Kennzeichen zu seiner Identifikation tragen, oder, falls dies aufgrund der Größe oder Art der Funkanlage nicht möglich ist, dass die erforderlichen Informationen auf der Verpackung oder in den der Funkanlage beigefügten Unterlagen angegeben werden.

(7) Die Hersteller geben ihren Namen, ihren eingetragenen Handelsnamen oder ihre eingetragene Handelsmarke sowie ihre Postanschrift, unter der sie erreichbar sind, auf der Funkanlage selbst oder, falls dies aufgrund der Größe oder Art der Funkanlage nicht möglich ist, auf der Verpackung oder in den der Funkanlage beigefügten Unterlagen an. In der Anschrift wird eine zentrale Stelle angegeben, unter der der Hersteller kontaktiert werden kann. Die Kontaktangaben sind in einer für die Endnutzer und Marktüberwachungsbehörden leicht verständlichen Sprache abzufassen.

(8) Die Hersteller gewährleisten, dass der Funkanlage eine Gebrauchsanleitung und Sicherheitsinformationen beigefügt sind; diese müssen in einer für die Verbraucher und sonstigen Endnutzer leicht verständlichen Sprache abgefasst sein, die von dem betreffenden Mitgliedsstaat festgelegt wird. Die Gebrauchsanleitung muss die Informationen enthalten, die für die bestimmungsgemäße Verwendung der Funkanlage erforderlich sind. Dies umfasst gegebenenfalls eine Beschreibung des Zubehörs und der Bestandteile einschließlich Software, die den bestimmungsgemäßen Betrieb der Funkanlage ermöglichen. Diese Gebrauchsanleitungen und Sicherheitsinformationen sowie alle Kennzeichnungen müssen klar, verständlich und deutlich sein. Zudem müssen, falls die Funkanlage bestimmungsgemäß Funkwellen ausstrahlt, folgende Informationen enthalten sein: a) das Frequenzband oder die Frequenzbänder, in dem bzw. denen die Funkanlage betrieben wird, b) die in dem Frequenzband oder den Frequenzbändern, in dem bzw. denen die Funkanlage betrieben wird, abgestrahlte maximale Sendeleistung.

(9) Die Hersteller gewährleisten, dass jeder Funkanlage eine Kopie der EU-Konformitätserklärung oder eine vereinfachte EU-Konformitätserklärung beigefügt ist. Wird nur eine vereinfachte EU-Konformitätserklärung bereitgestellt, muss darin die genaue Internetadresse angegeben sein, unter der der vollständige Text der EU-Konformitätserklärung erhältlich ist.

(10) Im Fall von Beschränkungen der Inbetriebnahme oder im Fall von für die Nutzungsgenehmigung zu erfüllenden Anforderungen muss aus den Angaben auf der Verpackung der Mitgliedsstaat oder das geografische Gebiet innerhalb eines Mitgliedsstaats hervorgehen, in dem Beschränkungen oder für die Nutzungsgenehmigung zu erfüllende Anforderungen gelten. Diese Angaben sind in der der Funkanlage beiliegenden Gebrauchsanleitung vollständig vorzunehmen. Die Kommission kann Durchführungsrechtsakte erlassen, in denen die Aufmachung dieser Informationen festgelegt wird. Diese Durchführungsrechtsakte werden gemäß dem in Artikel 45 Absatz 2 genannten Beratungsverfahren erlassen.

(11) Hersteller, die der Ansicht sind oder Grund zu der Annahme haben, dass von ihnen in Verkehr gebrachte Funkanlagen die Anforderungen dieser Richtlinie nicht erfüllen, ergreifen unverzüglich die erforderlichen Korrekturmaßnahmen, die notwendig sind, um die Konformität der betreffenden Funkanlagen herzustellen oder sie gegebenenfalls zurückzunehmen oder zurückzurufen. Zudem unterrichten die Hersteller, wenn von Funkanlagen eine Gefahr ausgeht, hiervon unverzüglich die zuständigen nationalen Behörden der Mitgliedsstaaten, in denen sie die Funkanlage auf dem Markt bereitgestellt haben, und machen dabei ausführliche

Angaben insbesondere über die fehlende Konformität, die getroffenen Korrekturmaßnahmen und deren Ergebnisse.

(12) Die Hersteller stellen der zuständigen nationalen Behörde auf deren begründetes Verlangen alle Informationen und Unterlagen, die für den Nachweis der Konformität der Funkanlage mit dieser Richtlinie erforderlich sind, in Papierform oder auf elektronischem Wege in einer für diese Behörde leicht verständlichen Sprache zur Verfügung. Sie kooperieren mit dieser Behörde auf deren Verlangen bei allen Maßnahmen zur Abwendung von Gefahren durch von ihnen in Verkehr gebrachte Funkanlagen.

Sofern Sie bei der Auslegung dieser wenigen und übersichtlichen Texte Probleme haben, empfehle ich neben der von mir verfassten Literatur (im Vorwort genannt) die aktuelle Ausgabe des „Blue Guide" der EU.

Pflichten des Importeurs (Einführer, Artikel 12)

Die EU-Richtlinie nennt es „Pflichten der Einführer" und bezeichnet damit sich eigentlich aus dem vorhergehenden Konzept sich ergebende Anforderungen, hat diese aber wegen der vielen Rückfragen zusätzlich zusammengefasst:

(1) Einführer bringen nur konforme Funkanlagen in Verkehr.

(2) Die Einführer gewährleisten vor dem Inverkehrbringen einer Funkanlage, dass vom Hersteller das geeignete Konformitätsbewertungsverfahren gemäß Artikel 17 durchgeführt wurde und dass die Funkanlage so gebaut ist, dass sie in mindestens einem Mitgliedstaat betrieben werden kann, ohne die geltenden Vorschriften über die Nutzung von Funkfrequenzen zu verletzen. Sie gewährleisten, dass der Hersteller die technischen Unterlagen erstellt hat, dass die Funkanlage mit der CE-Kennzeichnung versehen ist, dass ihr die Informationen und Unterlagen gemäß Artikel 10 Absätze 8, 9 und 10 beigefügt sind und dass der Hersteller die Anforderungen von Artikel 10 Absätze 6 und 7 erfüllt hat. Ist ein Einführer der Auffassung oder hat er Grund zu der Annahme, dass eine Funkanlage die grundlegenden Anforderungen in Artikel 3 nicht erfüllt, bringt er diese Funkanlage nicht in Verkehr, bevor ihre Konformität hergestellt ist. Wenn mit der Funkanlage eine Gefahr verbunden ist, unterrichtet der Einführer zudem den Hersteller und die Marktüberwachungsbehörden hiervon.

(3) Die Einführer geben auf der Funkanlage ihren Namen, ihren eingetragenen Handelsnamen oder ihre eingetragene Handelsmarke und die Postanschrift, unter der sie erreichbar sind, oder, wenn dies nicht möglich ist, auf der Verpackung oder in den der Funkanlage beigefügten Unterlagen an. Dies gilt auch für Fälle, in denen dies aufgrund der Größe der Funkanlage nicht möglich ist oder der Einführer zum Anbringen seines Namens und seiner Anschrift die Verpackung öffnen müsste. Die Kontaktangaben sind in einer für die Endnutzer und Marktüberwachungsbehörden leicht verständlichen Sprache abzufassen.

(4) Die Einführer gewährleisten, dass der Funkanlage eine Gebrauchsanleitung und Sicherheitsinformationen beigefügt sind; diese müssen in einer für die Verbraucher und sonstigen Endnutzer leicht verständlichen Sprache abgefasst sein, die von dem betreffenden Mitgliedsstaat festgelegt wird.

(5) Die Einführer gewährleisten, dass die Lagerungs- oder Transportbedingungen einer Funkanlage, solange diese sich in ihrer Verantwortung befindet, deren Konformität mit den grundlegenden Anforderungen in Artikel 3 nicht beeinträchtigt.

(6) Die Einführer nehmen, falls dies angesichts der von einer Funkanlage ausgehenden Gefahren als zweckmäßig betrachtet wird, zum Schutz der Gesundheit und der Sicherheit der Endnutzer Stichproben von auf dem Markt bereitgestellten Funkanlagen, nehmen Prüfungen vor, führen erforderlichenfalls ein Verzeichnis der Beschwerden, der nicht konformen Funkanlagen und der Rückrufe und halten die Händler über diese Überwachung auf dem Laufenden.

(7) Einführer, die der Ansicht sind oder Grund zu der Annahme haben, dass

eine von ihnen in Verkehr gebrachte Funkanlage die Anforderungen dieser Richtlinie nicht erfüllt, ergreifen unverzüglich die Korrekturmaßnahmen, die notwendig sind, um die Konformität der betreffenden Funkanlagen herzustellen oder sie gegebenenfalls zurückzunehmen oder zurückzurufen. Zudem unterrichten die Einführer, falls von einer Funkanlage eine Gefahr ausgeht, hiervon sofort die zuständigen nationalen Behörden der Mitgliedsstaaten, in denen sie die Funkanlage auf dem Markt bereitgestellt haben, und machen dabei genaue Angaben insbesondere über die fehlende Konformität und die getroffenen Korrekturmaßnahmen.

(8) Die Einführer halten über einen Zeitraum von zehn Jahren ab Inverkehrbringen der Funkanlage eine Kopie der EU-Konformitätserklärung für die Marktüberwachungsbehörden bereit und sorgen dafür, dass sie ihnen die technischen Unterlagen auf Verlangen vorlegen können.

(9) Die Einführer stellen der zuständigen nationalen Behörde auf deren begründetes Verlangen alle Informationen und Unterlagen, die für den Nachweis der Konformität der Funkanlage mit dieser Richtlinie erforderlich sind, in Papierform oder auf elektronischem Wege in einer für die Behörde leicht verständlichen Sprache zur Verfügung. Sie kooperieren mit dieser Behörde auf deren Verlangen bei allen Maßnahmen zur Abwendung von Gefahren durch von ihnen in Verkehr gebrachte Funkanlagen.

Sofern Sie bei der Auslegung dieser wenigen und übersichtlichen Texte Probleme haben, empfehle ich neben der von mir verfassten Literatur (im Vorwort genannt) die aktuelle Ausgabe des „Blue Guide" der EU.

Pflichten für Händler (Art 13)

Im ersten Moment vermutet man die gleichen Vorgaben wie für Importeure und ist verwundert durch den anders formulierten Text. Dieser ist stark auf echte Handelsbelange zurecht formuliert, aber sobald eine Bezeichnung/Handelsmarke genutzt wird oder gar technisch durch Zubehör oder Hardwareänderungen die Funkanlage ändert, wird der Händler zum Hersteller mit allen Pflichten!

Vermutlich wäre die Beschreibung „selbst wenn Sie CE-konforme Dinge einkaufen, müssen Sie diese Punkte beachten" sinnvoller.

Damit zum Originaltext:

(1) Die Händler berücksichtigen die Anforderungen dieser Richtlinie mit gebührender Sorgfalt, wenn sie eine Funkanlage auf dem Markt bereitstellen.

(2) Die Händler überprüfen, bevor sie eine Funkanlage auf dem Markt bereitstellen, ob sie mit der CE-Kennzeichnung versehen ist, ob ihr die gemäß dieser Richtlinie erforderlichen Unterlagen sowie die Gebrauchsanleitung und die Sicherheitsinformationen in einer für die Verbraucher und sonstigen Endnutzer in dem Mitgliedsstaat, in dem die Funkanlage auf dem Markt bereitgestellt werden soll, leicht verständlichen Sprache beigefügt sind und ob der Hersteller und der Einführer die Anforderungen von Artikel 10 Absatz 2 und Absätze 6 bis 10 und von Artikel 12 Absatz 3 erfüllt haben. Ist ein Händler der Auffassung oder hat er Grund zu der Annahme, dass eine Funkanlage die grundlegenden Anforderungen in Artikel 3 nicht erfüllt, stellt er diese Funkanlage nicht auf dem Markt bereit, bevor ihre Konformität hergestellt ist. Wenn mit der Funkanlage eine Gefahr verbunden ist, unterrichtet der Händler zudem den Hersteller oder den Einführer sowie die Marktüberwachungsbehörden.

(3) Die Händler gewährleisten, dass die Lagerungs- oder Transportbedingungen einer Funkanlage, solange diese sich in ihrer Verantwortung befindet, deren Konformität mit den grundlegenden Anforderungen in Artikel 3 nicht beeinträchtigt.

(4) Händler, die der Ansicht sind oder Grund zu der Annahme haben, dass eine von ihnen auf dem Markt bereitgestellte Funkanlage die Anforderungen dieser Richtlinie nicht erfüllt, vergewissern sich, dass die Korrekturmaßnahmen, die notwendig sind, um die Konformität der betreffenden Funkanlage herzustellen oder sie gegebenenfalls zurückzunehmen oder zurückzurufen, getroffen werden. Zudem unterrichten die Händler, falls von Funkanlagen eine Gefahr ausgeht, hiervon sofort die zuständigen nationalen Behörden der Mitgliedsstaaten, in denen sie die Funkanlage auf dem Markt bereitgestellt haben, und machen dabei genaue Angaben insbesondere über die fehlende Konformität und die getroffenen Korrekturmaßnahmen.

(5) Die Händler stellen der zuständigen nationalen Behörde auf deren begründetes Verlangen alle Informationen und Unterlagen, die für den Nachweis der Konformität eines elektrischen Betriebsmittels erforderlich

sind, in Papierform oder auf elektronischem Wege zur Verfügung. Sie kooperieren mit dieser Behörde auf deren Verlangen bei allen Maßnahmen zur Abwendung von Gefahren durch von ihnen auf dem Markt bereitgestellte Funkanlagen.

Sofern Sie bei der Auslegung dieser wenigen und übersichtlichen Vorgaben, die wesentlich dünner sind als die für Hersteller, Probleme haben, empfehle ich neben der von mir verfassten Literatur (im Vorwort genannt) die aktuelle Ausgabe des „Blue Guide" der EU. Erstaunlich oft erlebe ich Juristen, die von Händlern beauftragt werden und zum Thema Dokumentationspflichten sehr fragwürdige Aussagen liefern. Deshalb mein Hinweis an dieser Stelle: kooperieren Sie mit der Behörde und versuchen Sie, die Fragen so schnell wie möglich an den Hersteller bzw. Importeur weiterzuleiten!

Nachweis - Module

Ein Glück für einen Berater oder für einen Verlag ist es immer, wenn öffentliche Stellen sich wenig an Diskussionen beteiligen und auch Wikipedia schwammig oder schlicht unzutreffende Informationen anbietet – oft genug, weil jemand etwas behauptet hat, was nicht falsch, aber auch nicht richtig ist.

Die Funkanlagenrichtlinie beschreibt auf Basis des *(im Internet nicht als gut lesbare Datei zu findenden)* Modulbeschlusses und

> **Modul A,** was wie bei der Niederspannungsrichtlinie eine einfache Selbsterklärung ist, sofern Normen komplett eingehalten werden oder

> **Modul B mit Modul C;** dieses Verfahren nennt sich EU-Baumusterprüfung mit anschließender interner Fertigungskontrolle und ~~dieses Verfahren~~ kann man immer anwenden. Dieses Verfahren muss angewendet werden, wenn Normen die Fragestellungen nicht vollständig abdecken oder die Normanforderungen nicht eingehalten werden können.

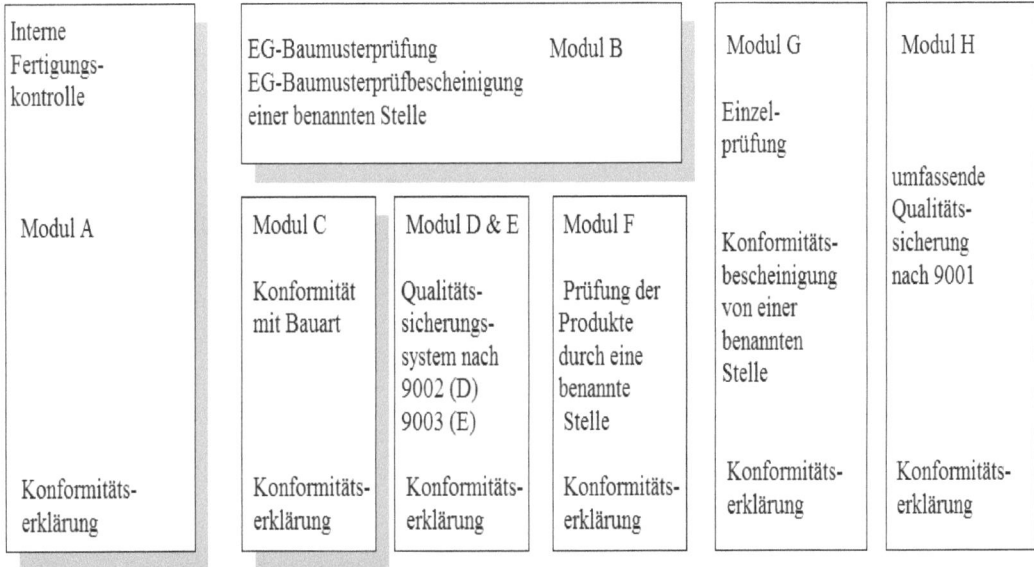

Tipp:

* Wann immer es geht, bitte Modul A (Selbsterklärung) nutzen,

* aber für die wichtigsten Normen Laborberichte seriöser Labore vorlegen können.

Hintergrund: Meine banale Erfahrung war die, dass bei Produkten, die per Baumusterprüfung überprüft wurden, fast immer Fehler vorhanden waren – oft genug dicke Fehler, die der Kunde bemerkt hatte und die zur Rückgabe führten!

Kennzeichnung

Neu ist der Erwägungspunkt 47, der eine rein elektronische Darstellung des Typenschildes formell denkbar werden lässt – wenn man sich daran hält, dass dieses Typenschild immer dann sichtbar sein muss, wenn es genutzt werden soll, also vor (!) Gebrauch und bei Einrichtung des Betriebs – im normalen Einsatz des Mobiltelefons muss das Typenschild nicht sofort sichtbar sein; deshalb ist der Aufkleber im Akkufach bei der SIM-Karte rechtlich zulässig, auch wenn die alten Regelungen dies nicht so explizit schriftlich enthielten.

Diese Funkanlagenrichtlinie ist die einzige (mir bekannte) Richtlinie, die ein CE-Zeichen kleiner als 5 mm zulässt (Artikel 19 Absatz 2), wenn dies durch die Art der Funkanlage bedingt ist.

Diese CE-Kennzeichnung als Bild lasse ich hier sehr groß abbilden, denn bei diesem Bild hier ist ein Hilfsraster hinterlegt, um erkennen zu können, welche Abstände am Produkt bzw. auf dem Typenschild eingehalten werden müssen. Lassen Sie sich nicht von einem Designer andere Buchstaben andrehen: Die Abstände und der kurze E-Strich müssen sein!

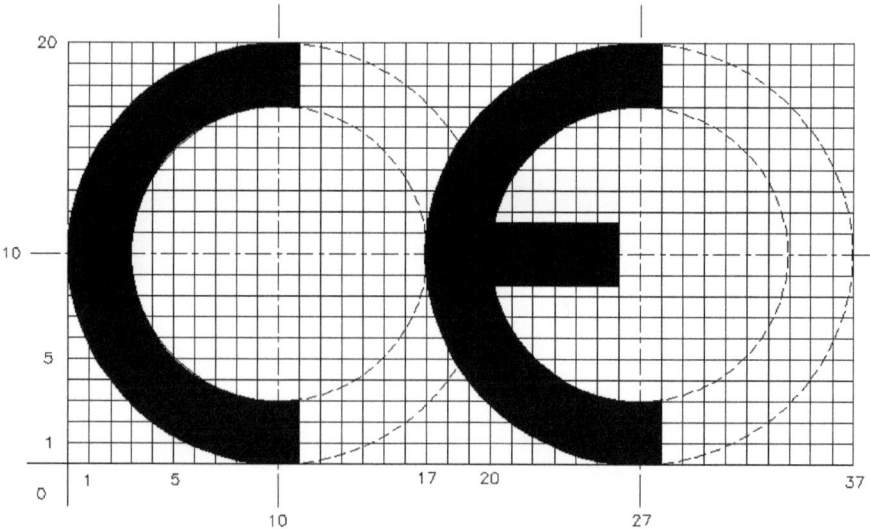

Da es einfach zu schön ist, hier zwei fehlerhafte CE-Zeichen (nicht verwenden!). Der spöttische Text „China Export" hat sich überlebt – es sind öfter Europäer, die es falsch vorgeben ...

Dokumentation

Vorweg: Diese Zusammenstellung ist für Praktiker gedacht, die Geräte überprüfen oder einkaufen. Die Richtlinie enthält zahlreiche Verweise auf andere Richtlinien, die sich mit den Verpflichtungen und Überprüfungsmodi befassen, und wird von Juristen deshalb anders gelesen werden.

Der Artikel 21 ist eher als Einleitung anzusehen, denn die Anforderung *„die Unterlagen werden vor dem Inverkehrbringen erstellt und stets auf dem Laufenden gehalten"* sollten selbstverständlich sein.

Aus anderen übergreifenden Regelwerken ergibt sich, dass diese Dokumentation mindestens zehn Jahre nach Inverkehrbringen des letzten Produkts für Nachfragen der Behörden zur Verfügung stehen muss. Und um ein Missverständnis vorab zu vermeiden: Der Kunde hat kein Anrecht (zumindest ist mir so etwas nicht bekannt und ergibt sich so nicht aus den Richtlinien) auf diese Dokumentation, hat also kein Recht, diese Prüfberichte etc. einzusehen!

Anhang V INHALT DER TECHNISCHEN UNTERLAGEN

Die technischen Unterlagen enthalten, falls vorhanden, zumindest folgende Elemente:

a) eine allgemeine Beschreibung der Funkanlage einschließlich

i) Fotografien oder Illustrationen, aus denen äußere Merkmale, Kennzeichnungen und innerer Aufbau hervorgehen,

ii) Software- oder Firmwareversionen, durch die die Erfüllung der grundlegenden Anforderungen beeinflusst wird,

iii) Nutzerinformationen und Installationsanweisungen,

b) Entwürfe, Fertigungszeichnungen und -pläne von Bauteilen, Baugruppen, Schaltkreisen und ähnlichen maßgeblichen Elementen;

c) die Beschreibungen und Erläuterungen, die zum Verständnis der genannten Zeichnungen und Pläne sowie des Betriebs der Funkanlage erforderlich sind;

d) eine Aufstellung, welche harmonisierten Normen, deren Fundstellen im Amtsblatt der Europäischen Union veröffentlicht wurden, vollständig oder in Teilen angewendet worden sind, und, wenn diese harmonisierten Normen nicht angewendet wurden, eine Beschreibung, mit welchen Lösungen den grundlegenden Anforderungen nach Artikel 3 entsprochen wurde, einschließlich einer Aufstellung, welche anderen einschlägigen technischen Spezifikationen angewendet wurden; wurden harmonisierte Normen nur in Teilen angewendet, so ist in den technischen Unterlagen anzugeben, welche Teile angewendet wurden;

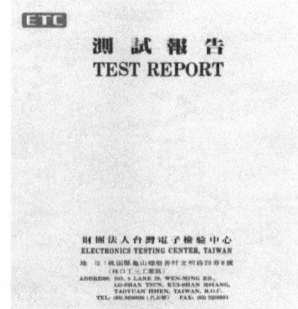

e) ein Exemplar der EU-Konformitätserklärung;

f) ein Exemplar der von der beteiligten notifizierten Stelle ausgestellten EU-Baumusterprüfbescheinigung und ihrer Anhänge, falls das Konformitätsbewertungsmodul in Anhang III angewandt wurde;

g) die Ergebnisse der Konstruktionsberechnungen, Prüfungen und ähnliche maßgebliche Elemente;

h) Prüfberichte;

i) eine Erklärung, ob die Anforderung nach Artikel 10 Absatz 2 erfüllt ist;

> (Hinweis des Autors: Die Benutzung ist in mindestens einem Mitgliedsstaat der EU möglich; dies wird ausdrücklich eingefordert, da es weltweit unterschiedliche Frequenznutzungen gibt; konkret: viele USA-Geräte niemals in der EU betrieben werden dürften.)

(i) und eine Erklärung, ob auf der Verpackung die Angaben nach Artikel 10 Absatz 10 gemacht wurden.

> (Hinweis auf Beschränkungen, d. h., in welchen geografischen Gebieten das Gerät nicht genutzt werden darf.)

Praxistipp:

Zur Dokumentation gehören auch Hinweise zur

- RoHS-Konformität (bestätigt der Lieferant glaubhaft?),
- WEEE-Anmeldung, d. h. Elektroschrottentsorgung, ein außergewöhnlich zickiges Thema, das nichts direkt mit CE zu tun hat, aber eigentlich untrennbar vom Produkt ist! Die WEEE-Anmeldenummer gehört eigentlich auf jede Rechnung!

Anwendungstipp

Die vorhergehende Auflistung kann irreführend sein, deshalb folgender Vorschlag, der stark auf die Normen verweist, ohne allerdings diese Normen korrekt mit Ausgabedatum und Normentitel zu nennen:

1) Norm für Funkaussendung (Sender!)

Das wären z. B. EN 301489-17 V2.2.1 für Breitband-Datensysteme oder EN 300220-2 V2.4.1 bei Funkanlagen mit kleiner Leistung, oft SRD genannt.

2) Norm bei Sendern für ausreichende Sicherheit im ausgestrahlten Feld (EMF)

Gesucht sind Normen, die oft als reine Abschätzung von Fachleuten als ausreichend nachgewiesen aufgelistet werden können, so z. B. EN 50366 bei vielen Haushaltsgeräten, EN 50371 bei kleinen Sendern und EN 62311 bei den meisten anderen Sendern.

3) Norm zur Störaussendung (die ganz normale EMV)

Bei Rundfunkgeräten EN 55013, bei IT-Geräten wird gerne EN 55022 angewendet, dazu kommen dann bei Geräten mit Netzteilen Normen wie EN 61000-3-2 und EN 61000-3-3 und weitere.

4) Norm zur Störfestigkeit (die ganz normale EMV)

Bei Rundfunkgeräten EN 55020, bei IT-Geräten wird gerne EN 55024 angewendet.

5) Norm zur elektrischen Sicherheit

Um das Beispiel Rundfunkgeräte weiterzuführen, wären es z. B. Normen wie EN 60065, bei IT-Geräten Normen wie EN 60950 und bei Haushaltsgeräten EN 60335-1 und der dazugehörige Teil EN 60335-2-xy.

6) Stückliste bzw. Behauptung auf RoHS-Konformität (Typischerweise ohne Normangabe).

7) Bedienungsanleitung für den Kunden

Einschließlich der vereinfachten EU-Konformitätserklärung, das hat den Vorteil, dass bei kleinen Änderungen wie z. B. upgedateter Technik und entsprechend neuer Normen nicht die ganze Bedienungsanleitung weggeworfen werden muss, denn Normen sind erst in der eigentlichen EU-Konformitätserklärung, die per Webadresse auffindbar sein muss, enthalten!

8) Konformitätserklärung (ähnlich wie im nachfolgenden Kapitel)

Diese Auflistung muss nicht vollständig sein, sondern müsste bei speziellen Geräten erweitert werden.

Bitte beachten Sie, dass die Prüfberichte genau die Ausgabe der Norm nennen müssen, denn gerade bei Funknormen sind oft größere Unterschiede zwischen den Ausgaben zu finden.

Die Funknormen wie EN 300220-1 usw. lassen sich oft bei Organisationen wie etsi.org finden, die Normen wie EN 61010 oder EN 60950 leider nur zum Kauf bei Normenanbietern wie www.beuth.de oder zur Einsicht in sogenannten Normenauslegestellen.

ETSI EN 300 220-1 V2.4.1 (2012-05)

**Electromagnetic compatibility
and Radio spectrum Matters (ERM);
Short Range Devices (SRD);
Radio equipment to be used in the 25 MHz to 1 000 MHz
frequency range with power levels ranging up to 500 mW;
Part 1: Technical characteristics and test methods**

Oben: Teile des Titelbildes der bei etsi.org findbaren Norm;

unten: Bild aus einem Testbericht eines chinesischen Labors. Die meisten RED-Produkte werden mit solchen im Herstellungsland China erstellten Laborberichten angeboten, die allermeisten dieser Berichte sind richtig gut und nur ältere Exemplare wie dieser hier unten noch mit einem Stempel neben der Unterschrift versehen, was aber eigentlich ein gutes Zeichen ist!

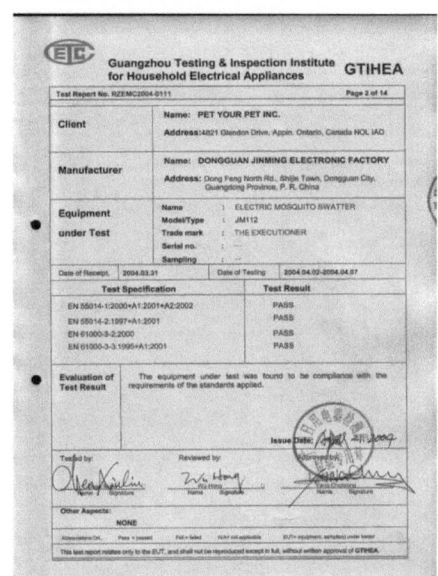

Konformitätserklärung

Dieses sehr wichtige Dokument ist immer zu erstellen und zu unterschreiben! In vielen Firmen erlebe ich zwar „automatisierte", also durch Copy & Paste erzeugte Konformitätserklärungen, es muss aber stets klar sein, dass es sich um ein rechtlich verbindliches Dokument handelt – deshalb wird es vom Geschäftsführer unterschrieben. Im Fehlerfall ist damit auch klar, wer für den Fehler geradestehen muss: eben der Geschäftsführer, der möglicherweise entsprechend organisieren muss.

Im Internet finden Sie zahlreiche Konformitätserklärungen, die man „freundlich ausgedrückt" mit fehlerhaft umschreiben kann.

Übrigens sollen Konformitätserklärungen auf einem Blatt Papier zusammengefasst werden, wenn es nicht besondere Gründe gibt, davon abzuweichen. Die Konformitätserklärung hat alle relevanten Richtlinien zu nennen, die alte Technik „für jede Richtlinie eine Erklärung" ist seit 2008 unzulässig!

Damit endlich zum Muster, wie dieses in der Richtlinie in Anhang VI genannt ist und nur ganz gering vom Autor ergänzt wurde:

EU-KONFORMITÄTSERKLÄRUNG (Nr. xyz)

Funkanlage (Produkt-, Typen-, Chargen- oder Seriennummer):

Name und Anschrift des Herstellers oder seines Bevollmächtigten (Empfehlung: Briefbogen nutzen, da dies die Kopiererei erschwert und Angaben zu anderen Richtlinien, wie die WEEE-Entsorgungsnummer, enthalten kann):

Die alleinige Verantwortung für die Ausstellung dieser Konformitätserklärung trägt der Hersteller.

> *Gegenstand der Erklärung (gemeint ist die Bezeichnung der Funkanlage, erforderlichenfalls eine hinreichend deutliche farbige Abbildung der Funkanlage).*

Der oben beschriebene Gegenstand der Erklärung erfüllt die einschlägigen Harmonisierungsrechtsvorschriften der Union: Richtlinie 2014/53/EU gegebenenfalls weitere Harmonisierungsrechtsvorschriften der Union.

> *Angabe der einschlägigen harmonisierten Normen, die zugrunde gelegt wurden, oder Angabe der anderen technischen Spezifikationen, bezüglich derer die Konformität erklärt wird. Dabei muss die jeweilige Kennnummer (EN ...), die angewandte Fassung und gegebenenfalls das Ausgabedatum angegeben werden:*

> *falls zutreffend — die notifizierte Stelle ... (Name, Kennnummer) hat ... (Beschreibung ihrer Mitwirkung) ... folgende EU-Baumusterprüfbescheinigung ausgestellt:*

> *falls vorhanden — Beschreibung des Zubehörs und der Bestandteile einschließlich Software, die den bestimmungsgemäßen Betrieb der Funkanlage ermöglichen und*

von der EU-Konformitätserklärung erfasst wird:

Unterzeichnet für und im Namen von: ... (Unterschrift):

in Druckbuchstaben: Name, Funktion

Ort und Datum der Ausstellung:

Bitte achten Sie auf einen europäisch vollständigen Namen (Vor- und Nachname) auch unter der Unterschrift. Nicht nur ich bohre an dieser Stelle, weil nur Geschäftsführer oder Mitarbeiter mit einem entsprechendem Handelsregistereintrag (wie Prokura) diese Erklärung für das Unternehmen unterzeichnen dürfen. Übrigens ist neben falschen Normen ein unpassendes Datum eine der beliebtesten Fehlerquellen.

Vereinfache EU-Konformitätserklärung

Die vereinfachte EU-Konformitätserklärung gemäß Artikel 10 Absatz 9 hat folgenden Wortlaut:

Hiermit erklärt [Name des Herstellers],

dass der Funkanlagentyp [Bezeichnung] der Richtlinie 2014/53/EU entspricht.

Der vollständige Text der EU-Konformitätserklärung ist unter der folgenden Internetadresse verfügbar:

www.ihre-internetadresse.de/da-findet-es-keiner/Gerät123456

Was ist mit Übergangsbestimmungen?

Die Mitgliedsstaaten dürfen, so ist es extra in Artikel 48 der RED-Richtlinie beschrieben, bei den unter diese Richtlinie fallenden Aspekten die Bereitstellung auf dem Markt oder die Inbetriebnahme von Funkanlagen, die unter diese Richtlinie fallen, mit den einschlägigen Harmonisierungsrechtsvorschriften der Union, die vor dem 13. Juni 2016 in Kraft getreten sind, im Einklang stehen und die vor dem 13. Juni 2017 in Verkehr gebracht wurden, nicht behindern.

Allerdings sollten Sie als Importeur hier vorsichtig argumentieren, denn Artikel 49 mit den Umsetzungsfristen wird von den Mitgliedsstaaten, allen voran Deutschland, meist wenig berücksichtigt.

Mit anderen Worten bedeutet dies, die nationalen Vorschriften entsprechend auszuwerten und sich eine schlüssige Lösung zu suchen, wenn man mit dem Originalvorgaben der EU nicht klarkommt. Mehr zu diesem Thema auch im Kapitel „Übergangsfristen".

Schlusswort

Ich hoffe, dass Sie als Leser erkennen konnten, welche Anforderungen an Ihr Produkt zu stellen sind und wie wichtig die Dokumentation ist.

Im Kern sind diese Anforderungen nicht neu; diese Anforderungen sind auch für reine Empfänger eigentlich schon seit Jahren gültig, nur eben in weich formulierten Regelwerken wie dem Produktsicherheitsgesetz.

Ich wünsche Ihnen und Ihren Produkten wenig Probleme mit Marktaufsichtsbehörden und Juristen.

Baden-Baden in März 2016

Jo Horstkotte

Literaturverzeichnis

Die nachfolgend genannten Werke stellen nur einen kleinen Teil dessen dar, was auf dem Markt an Literatur in diesem Umfeld zu finden ist. Für echte Funk- und EMV-Fragen sind ganz andere Quellen zu nutzen, die hier aufgelisteten Quellen befassen sich ganz überwiegend mit dem Thema CE-Kennzeichnung und Dokumentation:

- **Barth, Christoph/Hamacher, Horst W./Wienhold, Lutz/Höhn, Katrin/Lehder, Günter:** Anwendung des Geräte- und Produktsicherheitsgesetzes. Leitfaden für Hersteller, Importeure, Händler und Dienstleister. Sicherheit – Gesundheit – Wettbewerbsfähigkeit. Hrsg. von der Bundesanstalt für Arbeitsschutz und Arbeitsmedizin, Dortmund. Wirtschaftsverlag NW, Verlag für neue Wissenschaft GmbH, Bremerhaven 2008.

- **Berghaus, Hartwig/Langner, Dirk**: Das CE-Zeichen. Richtlinientexte, Fundstellen der harmonisierten Normen, Zertifizierungsstellen, Prüfstellen. Hanser-Verlag, München 1994. Seitdem zahlreiche Ergänzungen in der Loseblattsammlung.

- **Berufsgenossenschaft der Feinmechanik und Elektrotechnik (BGFE):** Gefahren des elektrischen Stroms. Köln [15]2005.

- **Bundesnetzagentur Referat 411:** Leitfaden zur Anwendung der Richtlinie 2004/108/EG des Rates vom 15. Dezember 2004 zur Angleichung der Rechtsvorschriften der Mitgliedsstaaten über die elektromagnetische Verträglichkeit. Stand 21. Mai 2007. Arbeitsbehelf der Bundesnetzagentur.

- **Deutsches Institut für Normung (DIN):** Das technische Recht in den Ländern der EU. Loseblattsammlung. Grundwerk von 1990. Beuth-Verlag, Berlin 1994.

- **Eiden, Klaus:** Auswirkungen des neuen EMVG auf die Marktaufsicht. Bundesnetzagentur 2007. (Vortragsscript)

- **Energy 2.0 Zukunft Energie:** Das Kompendium 2014. Siehe auch andere Schriften des Publish Industry-Verlags, München.

- **Europäische Kommission (Hrsg.):** Leitfaden für die Umsetzung der nach dem neuen Konzept und dem Gesamtkonzept verfassten Richtlinien (Spitzname: „Blue Guide" aber nur 120 Seiten). Amt für amtliche Veröffentlichungen der Europäischen Gemeinschaften. Luxemburg 2000.

- **Europäische Kommission (Hrsg.):** Leitfaden zur Anwendung der Richtlinie 2006/95/EG (Niederspannungsrichtlinie). Luxemburg, Amt für amtliche Veröffentlichungen der Europäischen Gemeinschaften, August 2007 (deutsche Fassung März 2008).

- **Europäische Kommission (Hrsg.):** Produktsicherheit in Europa: Ein Leitfaden für Korrekturmaßnahmen einschließlich Rückrufen. Amt für amtliche Veröffentlichungen der Europäischen Gemeinschaften. Luxemburg 2004.

- **Giesberts/Hilf:** ElektroG, Elektro- und Elektronikgerätegesetz, Kommentar. C. H. Beck Verlag, München 2006.

- **Hahn, Hans Peter/Horstkotte, Jo:** CE-Express (No. 1) – Maschinenrichtlinie + EMV. 99 Fragen + Antworten, Dipstock Dipstock Publishers Ltd., Berlin 2012. (No. 2 mit Claudia Bayer, 2012)

- **Hauf, Peter/Horstkotte, Jo:** RoHS/WEEE/ElektroG – neue Anforderungen sicher erfüllen. Guide zum Stichtag 24.11.2005. WEKA-Verlag, Kissing 2005. (Teil 1 der drei-bändigen Serie, die durch eine Onlinelösung ersetzt wurde).

- **Herbst, Sebastian:** RTTE-Richtlinie und FTEG. Das Inverkehrbringen, der freie Verkehr und die Inbetriebnahme von Funkanlagen und Telekommunikationsendeinrichtungen in der Bundesrepublik Deutschland. LIT Verlag, Münster 2005.

- **Horstkotte, Jo:** CE-Kennzeichnung nach EMV- und Niederspannungsrichtlinie. Franzis-Verlag, Poing 1996.

- **Horstkotte, Jo:** NiederspannungsCheck (Online- bzw. Softwarelösung auf CD). WEKA Media, Kissing. Seit 2004 halbjährliche Updates, aktuell Version 3.4 (Juli 2014).

- **Horstkotte, Jo/Hauf, Peter:** RoHS/WEEE/ElektroG – neue Anforderungen sicher erfüllen. Guide zum Stichtag 24.3.2006. WEKA-Verlag, Kissing 2006. (Teil 2 der drei-bändigen Serie, die 2007 durch eine Onlinelösung ersetzt wurde.)

- **Klindt, Thomas/Loerzer, Michael:** Die neue EMV-Richtlinie 2004/108/EG – elektromagnetische Verträglichkeit. Bundesanzeiger Verlagsgesellschaft mbH, Köln 2005.

- **Moritz, Dirk:** Das Geräte- und Produktsicherheitsgesetz (GPSG). Gesetzestext, amtliche Begründung und Erläuterungen. VDE-Verlag, Offenbach 2005.

- **P&A:** Das Kompendium 2013/14. Die wichtigsten Technologietrends. Die wichtigsten Anbieter. Publish-Industry-Verlag GmbH, München 2013.

- **Publish-Industry-Verlag GmbH (Hrsg.):** A&D-Lexikon 2007. Ganz ähnlich: D&V-Lexikon 2005, sowie E&E-Lexikon 2007 und Clean-Tech-Lexikon 2013 und das P&A-Lexikon 2006.

- **Habiger, Ernst:** A&D-Lexikon 2007. Fachwissen von A-Z. Begriffe & Kurzbezeichnungen der industriellen Automation. publish-industry Verlag [7]2007.

- **Rittal Praxis-Tipps zur Montage:** EMV-gerechter Schaltschrankbau. Herborn [4]2013. (Bei Rittal GmbH & Co.KG, Herborn zu beziehen.)

- **Schmatz, Hans/Nöthlichs, Matthias:** Geräte- und Produktsicherheitsgesetz. Printversion als Loseblattwerk seit 1990. Erich Schmidt Verlag, Berlin 2005.

- **Sick Vertriebs-GmbH (Hrsg.):** Safety Pocket Reader – Theorie und Praxis der Normen für Europa. Werbeschrift, GIT-Verlag 2006.

- **Thärichen, Holger/Prelle, Rebecca:** Die Rolle der Kommunen bei der Umsetzung des ElektroG. Erich Schmidt Verlag, Berlin 2006.

- **Tolke, Benjamin:** Die CE-Kennzeichnung einer Mehrfachsteckdose. GRIN Verlag, München 2006. (Seminararbeit 2006)

- **WEKA-Verlag (Hrsg.):** Harmonisierte Normen für die CE-Kennzeichnung, Weka-Verlag Kissing 2011.

- **Williams, Tim:** EMV-Richtlinien und deren Umsetzung (EMC for Product Designers – meeting the european directive). Elektor-Verlag, Aachen 2000.

- **Würth Elektronik eiSos/Zenkner, Heinz/Gerfer, Alexander/ Rall, Bernhard:** Trilogie der Induktivitäten – Applikationshandbuch für EMV-Filter, Schaltregler und HF-Schaltungen. Swiridoff Verlag, Künzelsau [3]2005.

RICHTLINIE 2014/53/EU DES EUROPÄISCHEN PARLAMENTS UND DES RATES

vom 16. April 2014

über die Harmonisierung der Rechtsvorschriften der Mitgliedstaaten über die Bereitstellung von Funkanlagen auf dem Markt und zur Aufhebung der Richtlinie 1999/5/EG

(Text von Bedeutung für den EWR)

DAS EUROPÄISCHE PARLAMENT UND DER RAT DER EUROPÄISCHEN UNION —

gestützt auf den Vertrag über die Arbeitsweise der Europäischen Union, insbesondere auf Artikel 114,

auf Vorschlag der Europäischen Kommission,

nach Zuleitung des Entwurfs des Gesetzgebungsakts an die nationalen Parlamente,

nach Stellungnahme des Europäischen Wirtschafts- und Sozialausschusses [1],

gemäß dem ordentlichen Gesetzgebungsverfahren [2],

in Erwägung nachstehender Gründe:

(1) Die Richtlinie 1999/5/EG des Europäischen Parlaments und des Rates [3] wurde mehrmals erheblich geändert. Da weitere Änderungen anstehen, sollte sie im Interesse der Klarheit ersetzt werden.

(2) Mit der Verordnung (EG) Nr. 765/2008 des Europäischen Parlaments und des Rates [4] werden Bestimmungen für die Akkreditierung von Konformitätsbewertungsstellen festgelegt, es wird ein Rahmen für die Marktüberwachung von Produkten und für Kontrollen von aus Drittländern stammenden Produkten geschaffen, und es werden die allgemeinen Grundsätze der CE-Kennzeichnung festgelegt.

(3) In dem Beschluss Nr. 768/2008/EG des Europäischen Parlaments und des Rates [5] werden allgemeine Grundsätze und Musterbestimmungen festgelegt, die auf sämtliche sektorbezogenen Rechtsvorschriften anzuwenden sind, um eine einheitliche Grundlage für die Überarbeitung oder Neufassung dieser Rechtsvorschriften zu bieten. Die Richtlinie 1999/5/EG sollte daher an diesen Beschluss angepasst werden.

(4) Die für Festnetz-Endeinrichtungen maßgeblichen grundlegenden Anforderungen in der Richtlinie 1999/5/EG, d. h. den Schutz der Gesundheit und der Sicherheit von Menschen und Haus- und Nutztieren, den Schutz von Gütern und ein angemessenes Niveau an elektromagnetischer Verträglichkeit sicherzustellen, werden von der Richtlinie 2014/35/EU des Europäischen Parlaments und des Rates [6] und der Richtlinie 2014/30/EU des Europäischen Parlaments und des Rates [7] angemessen abgedeckt. Diese Richtlinie sollte daher nicht für Festnetz-Endeinrichtungen gelten.

---

[1] ABl. C 133 vom 9.5.2013, S. 58.

[2] Standpunkt des Europäischen Parlaments vom 13. März 2014 (noch nicht im Amtsblatt veröffentlicht) und Beschluss des Rates vom 14. April 2014.

[3] Richtlinie 1999/5/EG des Europäischen Parlaments und des Rates vom 9. März 1999 über Funkanlagen und Telekommunikationsendeinrichtungen und die gegenseitige Anerkennung ihrer Konformität (ABl. L 91 vom 7.4.1999, S. 10).

[4] Verordnung (EG) Nr. 765/2008 des Europäischen Parlaments und des Rates vom 9. Juli 2008 über die Vorschriften für die Akkreditierung und Marktüberwachung im Zusammenhang mit der Vermarktung von Produkten und zur Aufhebung der Verordnung (EWG) Nr. 339/93 des Rates (ABl. L 218 vom 13.8.2008, S. 30).

[5] Beschluss Nr. 768/2008/EG des Europäischen Parlaments und des Rates vom 9. Juli 2008 über einen gemeinsamen Rechtsrahmen für die Vermarktung von Produkten und zur Aufhebung des Beschlusses 93/465/EWG des Rates (ABl. L 218 vom 13.8.2008, S. 82).

[6] Richtlinie 2014/35/EU des Europäischen Parlaments und des Rates vom 26. Februar 2014 zur Harmonisierung der Rechtsvorschriften der Mitgliedstaaten betreffend die Bereitstellung elektrischer Betriebsmittel zur Verwendung innerhalb bestimmter Spannungsgrenzen auf dem Markt (ABl. L 96 vom 29.3.2014, S. 357).

[7] Richtlinie 2014/30/EU des Europäischen Parlaments und des Rates vom 26. Februar 2014 zur Harmonisierung der Rechtsvorschriften der Mitgliedstaaten über die elektromagnetische Verträglichkeit (ABl. L 96 vom 29.3.2014, S. 79).

(5) Fragen des Wettbewerbs auf dem Markt für Endeinrichtungen werden von der Richtlinie 2008/63/EG der Kommission (¹), insbesondere durch die Pflicht der nationalen Regulierungsbehörden, sicherzustellen, dass die technischen Spezifikationen der Schnittstellen zum Netzzugang im Einzelnen veröffentlicht werden, angemessen abgedeckt. Es ist daher nicht notwendig, in die vorliegende Richtlinie Vorschriften über das von der Richtlinie 2008/63/EG erfasste Gebiet der Förderung des Wettbewerbs auf dem Markt für Endeinrichtungen aufzunehmen.

(6) Wenn Geräte zum Zweck der Kommunikation oder der Ortung bestimmungsgemäß Funkwellen ausstrahlen oder empfangen, dann liegt eine systematische Nutzung von Funkfrequenzen vor. Damit die Funkfrequenzen effizient genutzt werden und keine funktechnischen Störungen verursacht werden, sollten sämtliche derartigen Geräte von dieser Richtlinie erfasst werden.

(7) Die in der Richtlinie 2014/35/EU festgelegten Ziele für Sicherheitsanforderungen sind für Funkanlagen ausreichend; in der vorliegenden Richtlinie sollte daher auf sie verwiesen und ihre Anwendung vorgesehen werden. Damit keine unnötigen Dopplungen von Vorschriften, bei denen es sich nicht um solche, die die grundlegenden Anforderungen betreffen, handelt, entstehen, sollte die Richtlinie 2014/35/EU jedoch nicht für Funkanlagen gelten.

(8) Die in der Richtlinie 2014/30/EU festgelegten grundlegenden Anforderungen auf dem Gebiet der elektromagnetischen Verträglichkeit sind für Funkanlagen ausreichend; in der vorliegenden Richtlinie sollte daher auf sie verwiesen und ihre Anwendung vorgesehen werden. Damit keine unnötigen Dopplungen von Vorschriften, bei denen es sich nicht um solche, die die grundlegenden Anforderungen betreffen, handelt, entstehen, sollte die Richtlinie 2014/30/EU jedoch nicht für Funkanlagen gelten.

(9) Diese Richtlinie sollte für alle Absatzarten gelten, einschließlich des Fernabsatzes.

(10) Funkanlagen sollten für die effektive Nutzung von Funkfrequenzen und für die Eignung zur effizienten Nutzung von Funkfrequenzen wie folgt gebaut sein: Sender strahlen bei ordnungsgemäßer Installation, Wartung und bestimmungsgemäßer Verwendung Funkwellen aus, durch die keine funktechnischen Störungen verursacht werden, während vom Sender erzeugte und unerwünscht ausgestrahlte Funkwellen (beispielsweise auf benachbarten Kanälen) mit potenziell negativen Auswirkungen auf die Ziele der Funkfrequenzpolitik auf ein Maß begrenzt werden sollten, bei dem nach dem aktuellen Stand der Technik keine funktechnischen Störungen verursacht werden. Empfänger haben ein Leistungsniveau, das für die bestimmungsgemäße Verwendung geeignet ist und bei dem das Gerät gegen funktechnische Störungen — insbesondere in Bezug auf gemeinsame oder benachbarte Kanäle — abgeschirmt ist und auf diese Weise zur Verbesserung der effizienten Nutzung gemeinsamer oder benachbarter Kanäle beiträgt.

(11) Obwohl Empfänger selbst keine funktechnischen Störungen verursachen, kommt den Empfangsfähigkeiten eine immer größere Bedeutung für die effiziente Nutzung von Funkfrequenzen durch größere Störfestigkeit der Empfänger gegen funktechnische Störungen und unerwünschte Signale gemäß den einschlägigen grundlegenden Anforderungen der Harmonisierungsrechtsvorschriften der Union zu.

(12) In einigen Fällen ist die Kommunikation mit anderen Funkanlagen über Netze und die Verbindung mit Schnittstellen des geeigneten Typs in der gesamten Union notwendig. Durch die Interoperabilität von Funkanlagen und Zubehör wie Ladegeräten wird die Nutzung von Funkanlagen vereinfacht und zur Verringerung unnötigen Abfalls und zur Senkung von Kosten beigetragen. Neuerliche Anstrengungen zur Entwicklung eines einheitlichen Ladegeräts für bestimmte Kategorien oder Klassen von Funkanlagen sind, insbesondere zum Nutzen der Verbraucher und anderer Endnutzer, notwendig; daher sollte diese Richtlinie spezifische Anforderungen in diesem Bereich enthalten. Insbesondere sollten auf dem Markt bereitgestellte Mobiltelefone mit einem gemeinsamen Ladegerät kompatibel sein.

(13) Der Schutz personenbezogener Daten und der Privatsphäre der Nutzer von und Teilnehmer an Funkanlagen sowie der Schutz vor Betrug können durch besondere Funktionen der Anlagen verbessert werden. In entsprechenden Fällen sollten Funkanlagen daher so konzipiert sein, dass sie diese Funktionen unterstützen.

(¹) Richtlinie 2008/63/EG der Kommission vom 20. Juni 2008 über den Wettbewerb auf dem Markt für Telekommunikationsendeinrichtungen (ABl. L 162 vom 21.6.2008, S. 20).

(14) Funkanlagen können für den Zugang zu Notdiensten von entscheidender Wichtigkeit sein. In entsprechenden Fällen sollten Funkanlagen daher so konzipiert sein, dass sie die für den Zugang zu den Diensten erforderlichen Funktionen unterstützen.

(15) Funkanlagen sind bedeutsam für das Wohlergehen und die Erwerbstätigkeit von Menschen mit Behinderungen, die einen erheblichen und wachsenden Teil der Bevölkerung der Mitgliedstaaten bilden. In entsprechenden Fällen sollten Funkanlagen daher so konzipiert sein, dass Menschen mit Behinderungen sie ohne oder mit äußerst geringen Anpassungen benutzen können.

(16) Die Konformität einiger Kategorien von Funkanlagen mit den in dieser Richtlinie festgelegten grundlegenden Anforderungen kann durch die Integration von Software oder durch Änderungen der bestehenden Software beeinträchtigt werden. Ein Laden von Software durch den Benutzer, die Funkanlage selbst oder einen Dritten sollte nur möglich sein, wenn dies keine Beeinträchtigung der Konformität dieser Funkanlage mit den geltenden grundlegenden Anforderungen zur Folge hat.

(17) Zur Ergänzung oder Änderung bestimmter nicht wesentlicher Elemente dieser Verordnung sollte der Kommission die Befugnis übertragen werden, gemäß Artikel 290 des Vertrags über die Arbeitsweise der Europäischen Union (AEUV) Rechtsakte zu erlassen. Es ist von besonderer Bedeutung, dass die Kommission im Zuge ihrer Vorbereitungsarbeit angemessene Konsultationen, auch auf der Ebene von Sachverständigen, durchführt. Bei der Vorbereitung und Ausarbeitung delegierter Rechtsakte sollte die Kommission gewährleisten, dass die einschlägigen Unterlagen dem Europäischen Parlament und dem Rat gleichzeitig, rechtzeitig und auf angemessene Weise übermittelt werden.

(18) Um dem Bedarf in den Bereichen Interoperabilität, Schutz personenbezogener Daten und der Privatsphäre der Nutzer und Teilnehmer, Schutz vor Betrug, Zugang zu Notdiensten, Nutzung durch Menschen mit Behinderungen oder Verhinderung nicht konformer Kombinationen aus Funkanlagen und Software tatsächlich gerecht zu werden, sollte der Kommission die Befugnis übertragen werden, Rechtsakte gemäß Artikel 290 des Vertrags über die AEUV hinsichtlich der Festlegung von Kategorien oder Klassen von Funkanlagen zu erlassen, die eine oder mehrere der zusätzlichen grundlegenden und in dieser Richtlinie festgelegten Anforderungen im Zusammenhang mit diesem Bedarf zu erfüllen haben.

(19) Die Überprüfung der Konformität von Kombinationen aus Funkanlagen und Software durch die Funkanlagen selbst sollte nicht dazu missbraucht werden, die Verwendung der Anlagen mit Software von unabhängigen Anbietern zu verhindern. Die Verfügbarkeit von Informationen über die Konformität beabsichtigter Kombinationen von Funkanlagen und Software für Behörden, Hersteller und Benutzer dürfte zur Förderung des Wettbewerbs beitragen. Zur Verwirklichung dieser Ziele sollte der Kommission die Befugnis übertragen werden, Rechtsakte gemäß Artikel 290 AEUV hinsichtlich der Festlegung von Kategorien oder Klassen von Funkanlagen zu erlassen, für die die Hersteller Informationen über die Konformität beabsichtigter Kombinationen von Funkanlagen und Software mit den grundlegenden in dieser Richtlinie festgelegten Anforderungen zur Verfügung stellen müssen.

(20) Durch eine Vorschrift über die Registrierung von in Verkehr zu bringenden Funkanlagen in einem zentralen System könnte die Effizienz und Wirksamkeit der Marktüberwachung gesteigert und damit zu einem hohen Maß an Konformität mit dieser Richtlinie beigetragen werden. Eine solche Vorschrift bringt für die Wirtschaftsakteure zusätzliche Belastungen mit sich und sollte daher nur für solche Kategorien von Funkanlagen eingeführt werden, bei denen noch kein hohes Maß an Konformität erreicht wurde. Um die Anwendung dieser Vorschrift sicherzustellen, nachdem das Risiko einer fehlenden Umsetzung der grundlegenden Anforderungen bewertet worden sind, sollte der Kommission die Befugnis übertragen werden, Rechtsakte gemäß Artikel 290 AEUV zu erlassen, die sich auf die Festlegung der Kategorien von Funkanlagen, die von den Herstellern in einem zentralen System zu registrieren sind, und auf die Angaben der technischen Unterlagen, die auf der Grundlage von durch die Mitgliedstaaten bereitgestellten Informationen über die Konformität von Funkanlagen zu machen sind, beziehen.

(21) Für Funkanlagen, die die einschlägigen grundlegenden Anforderungen erfüllen, sollte ein freier Verkehr möglich sein. Die Inbetriebnahme und bestimmungsgemäße Nutzung solcher Anlagen sollte, falls anwendbar, in Übereinstimmung mit den Regeln für Genehmigungen zur Frequenznutzung und zur Erbringung der betreffenden Dienstleistung, gestattet sein.

(22) Damit keine unnötigen Hemmnisse für den Handel mit Funkanlagen auf dem Binnenmarkt errichtet werden, sollten die Mitgliedstaaten gemäß der Richtlinie 98/34/EG des Europäischen Parlaments und des Rates ([1]) die anderen Mitgliedstaaten und die Kommission von ihren Entwürfen auf dem Gebiet der technischen Vorschriften, etwa bei Funkschnittstellen, in Kenntnis setzen; es sei denn, diese technischen Vorschriften ermöglichen es den Mitgliedstaaten auf diese Weise Konformität mit bindenden Rechtsakten der Union herzustellen, etwa im Fall von Entscheidungen der Kommission über die harmonisierte Nutzung von Funkfrequenzen, die nach Maßgabe der Entscheidung Nr. 676/2002/EG des Europäischen Parlaments und des Rates ([2]) erlassen werden, oder wenn sie Funkanlagen entsprechen, die in der Union uneingeschränkt in Betrieb genommen und genutzt werden dürfen.

(23) Die Bereitstellung von Informationen zur Äquivalenz geregelter Funkschnittstellen und ihren Nutzungsbedingungen trägt dazu bei, Schranken für den Zugang von Funkanlagen zum Binnenmarkt abzubauen. Die Kommission sollte daher die Äquivalenz zwischen geregelten Funkschnittstellen bewerten und festlegen und entsprechende Informationen in Form von Funkanlagenklassen verfügbar machen.

(24) Gemäß der Entscheidung 2007/344/EG der Kommission ([3]) müssen die Mitgliedstaaten das vom Europäischen Büro für Kommunikationsangelegenheiten (European Communications Office, ECO) eingerichtete ECO-Frequenzinformationssystem (ECO Frequency Information System, EFIS) nutzen, um der Öffentlichkeit über das Internet vergleichbare Informationen zur Nutzung der Funkfrequenzbereiche in den einzelnen Mitgliedstaaten zur Verfügung zu stellen. Hersteller können vor dem Inverkehrbringen von Funkanlagen dem EFIS Frequenzinformationen für sämtliche Mitgliedstaaten entnehmen und dadurch bewerten, ob und unter welchen Bedingungen derartige Funkanlagen in den einzelnen Mitgliedstaaten verwendet werden können. Es ist daher nicht notwendig, in diese Richtlinie zusätzliche Bestimmungen aufzunehmen, etwa eine vorherige Mitteilung, mit der die Hersteller über die Nutzungsbedingungen für Funkanlagen informiert werden könnten, die in nicht harmonisierten Frequenzbändern betrieben werden.

(25) Zur Förderung von Forschungs- und Vorführungstätigkeiten sollte es im Rahmen von Messen, Ausstellungen und ähnlichen Veranstaltungen und unter der Bedingung, dass die Aussteller für eine ausreichende Information der Besucher sorgen, möglich sein, Funkanlagen auszustellen, die dieser Richtlinie nicht entsprechen und nicht in Verkehr gebracht werden können.

(26) Die Wirtschaftsakteure sollten, entsprechend ihrer jeweiligen Rolle in der Lieferkette, dafür verantwortlich sein, dass Funkanlagen die Anforderungen dieser Richtlinie erfüllen, damit ein hohes Maß an Schutz der Gesundheit und Sicherheit von Menschen und von Haus- und Nutztieren sowie beim Schutz von Gütern, ein angemessenes Niveau an elektromagnetischer Verträglichkeit, eine konkrete und effiziente Nutzung von Funkfrequenzen und, falls notwendig, ein hohes Maß an Schutz anderer Interessen der Öffentlichkeit gewährleistet ist und für fairen Wettbewerb auf dem Unionsmarkt gesorgt ist.

(27) Alle Wirtschaftsakteure, die Teil der Liefer- und Vertriebskette sind, sollten die erforderlichen Maßnahmen ergreifen, um dafür zu sorgen, dass sie nur Funkanlagen, die die Anforderungen dieser Richtlinie erfüllen, auf dem Markt bereitstellen. Es ist notwendig, für eine klare und verhältnismäßige Verteilung der Pflichten vorzusehen, die auf die einzelnen Wirtschaftsakteure je nach ihrer Rolle in der Liefer- und Vertriebskette entfallen.

(28) Um die Kommunikation zwischen den Wirtschaftsakteuren, den Marktüberwachungsbehörden und den Verbrauchern zu erleichtern, sollten die Mitgliedstaaten den Wirtschaftsakteuren nahelegen, zusätzlich zur Postanschrift die Adresse einer Website anzugeben.

(29) Der Hersteller ist dank seiner gründlichen Kenntnis des Entwurfs- und Fertigungsprozesses am besten in der Lage, das Konformitätsbewertungsverfahren durchzuführen. Die Konformitätsbewertung sollte daher weiterhin allein dem Hersteller obliegen.

([1]) Richtlinie 98/34/EG des Europäischen Parlaments und des Rates vom 22. Juni 1998 über ein Informationsverfahren auf dem Gebiet der Normen und technischen Vorschriften und der Vorschriften für die Dienste der Informationsgesellschaft (ABl. L 204 vom 21.7.1998, S. 37).

([2]) Entscheidung Nr. 676/2002/EG des Europäischen Parlaments und des Rates vom 7. März 2002 über einen Rechtsrahmen für die Funkfrequenzpolitik in der Europäischen Gemeinschaft (Frequenzentscheidung) (ABl. L 108 vom 24.4.2002, S. 1).

([3]) Entscheidung 2007/344/EG der Kommission vom 16. Mai 2007 über die einheitliche Bereitstellung von Informationen über die Frequenznutzung in der Gemeinschaft (ABl. L 129 vom 17.5.2007, S. 67).

(30) Der Hersteller sollte ausreichende Informationen über die bestimmungsgemäße Verwendung der Funkanlage zur Verfügung stellen, damit sie gemäß den grundlegenden Anforderungen genutzt werden kann. Diese Informationen müssen möglicherweise die Beschreibung von Zubehör wie Antennen und von Bestandteilen wie Software sowie Angaben zur Installation der Funkanlage enthalten.

(31) Es wurde festgestellt, dass die Vorschrift der Richtlinie 1999/5/EG, nach der Geräten eine EU-Konformitätserklärung beizulegen ist, die Informationen und die Effizienz im Zusammenhang mit der Marktüberwachung vereinfacht und verbessert. Durch die Möglichkeit, eine vereinfachte EU-Konformitätserklärung bereitzustellen, konnte die Belastung durch diese Vorschrift verringert werden, ohne dass ihre Effizienz sank, diese Möglichkeit sollte daher in die vorliegende Richtlinie aufgenommen werden. Darüber hinaus sollte es möglich sein, eine EU-Konformitätserklärung bzw. eine vereinfachte EU-Konformitätserklärung leicht und effizient durch Anbringung an der Verpackung der jeweiligen Funkanlage zugänglich zu machen.

(32) Es muss sichergestellt sein, dass Funkanlagen aus Drittländern, die auf den Unionsmarkt gelangen, mit dieser Richtlinie im Einklang stehen, und insbesondere, dass der Hersteller hinsichtlich der jeweiligen Funkanlage geeignete Konformitätsbewertungsverfahren durchgeführt hat. Es sollte deshalb vorgesehen werden, dass die Einführer sicherstellen, dass von ihnen in Verkehr gebrachte Funkanlagen den Anforderungen dieser Richtlinie genügen, und keine Funkanlagen in Verkehr bringen, die diesen Anforderungen nicht genügen oder eine Gefahr darstellen. Zudem sollte vorgesehen werden, dass die Einführer sicherstellen, dass Konformitätsbewertungsverfahren durchgeführt wurden und dass die Kennzeichnung von Funkanlagen und die von den Herstellern erstellten Unterlagen den zuständigen nationalen Behörden für Überprüfungszwecke zur Verfügung stehen.

(33) Beim Inverkehrbringen von Funkanlagen sollte jeder Einführer seinen Namen, seinen eingetragenen Handelsnamen oder seine eingetragene Handelsmarke und die Postanschrift, unter der er erreichbar ist, auf der Funkanlage angeben. Für Fälle, in denen dies aufgrund der Größe oder der Art der Funkanlage nicht möglich ist, sollten Ausnahmen vorgesehen werden. Dies gilt auch für Fälle, in denen der Einführer zum Anbringen seines Namens und seiner Anschrift die Verpackung der Funkanlage öffnen müsste.

(34) Der Händler stellt die Funkanlage auf dem Markt bereit, nachdem sie vom Hersteller oder dem Einführer in Verkehr gebracht wurde; er sollte mit gebührender Sorgfalt handeln, damit er durch die Handhabung der Funkanlage deren Konformität nicht beeinträchtigt.

(35) Ein Wirtschaftsakteur, der entweder Funkanlagen unter seinem eigenen Namen oder seiner eigenen Handelsmarke in Verkehr bringt oder Funkanlagen derart verändert, dass die Konformität mit dieser Richtlinie möglicherweise beeinträchtigt wird, sollte als Hersteller gelten und den entsprechenden Verpflichtungen unterliegen.

(36) Aufgrund ihrer Nähe zum Markt sollten Händler und Einführer in Marktüberwachungsaufgaben der zuständigen nationalen Behörden eingebunden werden und zur Mitwirkung bereit sein, indem sie den Behörden alle notwendigen Informationen zu den betreffenden Funkanlagen liefern.

(37) Das Sicherstellen der Rückverfolgbarkeit von Funkanlagen über die gesamte Lieferkette trägt zu einer einfacheren und effizienteren Marktüberwachung bei. Ein effizientes System zur Rückverfolgung erleichtert den Marktüberwachungsbehörden das Auffinden von Wirtschaftsakteuren, die nicht konforme Funkanlagen auf dem Markt bereitgestellt haben. Bei der Speicherung der nach dieser Richtlinie erforderlichen Informationen für die Identifizierung anderer Wirtschaftsakteure sollten die Wirtschaftsakteure nicht verpflichtet werden, die Informationen über andere Wirtschaftsakteure zu aktualisieren, von denen sie entweder Funkanlagen bezogen haben oder an die sie eine Funkanlage abgegeben haben.

(38) Diese Richtlinie sollte nur grundlegende Anforderungen enthalten. Um die Bewertung der Konformität mit diesen Anforderungen zu erleichtern, muss eine Konformitätsvermutung für Funkanlagen vorgesehen werden, die den harmonisierten Normen entsprechen, die gemäß der Verordnung (EU) Nr. 1025/2012 des Europäischen Parlaments und des Rates [1] zum Zweck der Angabe ausführlicher technischer Spezifikationen zu den genannten Anforderungen angenommen wurden.

---

[1] Verordnung (EU) Nr. 1025/2012 des Europäischen Parlaments und des Rates vom 25. Oktober 2012 zur europäischen Normung, zur Änderung der Richtlinien 89/686/EWG und 93/15/EWG des Rates sowie der Richtlinien 94/9/EG, 94/25/EG, 95/16/EG, 97/23/EG, 98/34/EG, 2004/22/EG, 2007/23/EG, 2009/23/EG und 2009/105/EG des Europäischen Parlaments und des Rates und zur Aufhebung des Beschlusses 87/95/EWG des Rates und des Beschlusses Nr. 1673/2006/EG des Europäischen Parlaments und des Rates (ABl. L 316 vom 14.11.2012, S. 12).

(39) Die Verordnung (EU) Nr. 1025/2012 enthält ein Verfahren für Einwände gegen harmonisierte Normen, falls diese Normen den Anforderungen dieser Richtlinie nicht in vollem Umfang entsprechen.

(40) Damit die Wirtschaftsakteure und die zuständigen Behörden die Konformität der auf dem Markt bereitgestellten Funkanlagen mit den grundlegenden Anforderungen nachweisen bzw. sicherstellen können, müssen Konformitäts-bewertungsverfahren vorgesehen werden. Im Beschluss Nr. 768/2008/EG werden Module für Konformitätsbewer-tungsverfahren festgelegt, deren Strenge nach Maßgabe der damit verbundenen Höhe des Risikos und des gefor-derten Schutzniveaus abgestuft ist. Im Sinne eines einheitlichen Vorgehens in allen Sektoren und zur Verhinde-rung des Rückgriffs auf Ad-hoc-Varianten sollten die Konformitätsbewertungsverfahren unter diesen Modulen aus-gewählt werden.

(41) Die Hersteller sollten eine EU-Konformitätserklärung ausstellen, aus der die nach dieser Richtlinie erforderlichen Informationen über die Konformität der betreffenden Funkanlage mit den Anforderungen dieser Richtlinie und den sonstigen einschlägigen Harmonisierungsrechtsvorschriften der Union hervorgehen.

(42) Um für einen wirksamen Zugang zu Informationen für Marktüberwachungszwecke zu sorgen, sollten die für die Ermittlung aller geltenden Rechtsakte der Union erforderlichen Informationen in einer einzigen EU-Konformitäts-erklärung enthalten sein. Um den Verwaltungsaufwand für Wirtschaftsakteure zu verringern, kann diese einzige EU-Konformitätserklärung in Unterlagen enthalten sein, die aus den einschlägigen einzelnen Konformitätserklä-rungen bestehen.

(43) Die CE-Kennzeichnung bringt die Konformität einer Funkanlage zum Ausdruck und ist die sichtbare Folge eines umfassenden Vorgangs, der die Konformitätsbewertung im weiteren Sinne einschließt. Die allgemeinen Grund-sätze, die der CE-Kennzeichnung zugrunde liegen, sind in der Verordnung (EG) Nr. 765/2008 festgelegt. Die Regeln zur Anbringung des CE-Kennzeichens sollten in dieser Richtlinie festgelegt werden.

(44) Die Vorschrift zur Anbringung des CE-Kennzeichens an Produkten ist wichtig für die Information der Verbraucher und der Behörden. Durch die in der Richtlinie 1999/5/EG festgelegte Möglichkeit, bei Geräten geringer Größe ein verkleinertes CE-Kennzeichen anzubringen, sofern dieses weiterhin sichtbar und lesbar ist, wurde die Anwendung der genannten Vorschrift vereinfacht, ohne dass ihre Wirksamkeit darunter litt; diese Möglichkeit sollte daher in die vorliegende Richtlinie aufgenommen werden.

(45) Es wurde festgestellt, dass die Vorschrift der Richtlinie 1999/5/EG, nach der das CE-Kennzeichen an der Verpa-ckung des Geräts anzubringen ist, die Marktüberwachung erleichtert; sie sollte daher in die vorliegende Richtlinie übernommen werden.

(46) Die Mitgliedstaaten sollten geeignete Maßnahmen ergreifen, um sicherzustellen, dass Funkanlagen nur dann auf dem Markt bereitgestellt werden können, wenn sie bei ordnungsgemäßer Installation und Wartung sowie bei bestimmungsgemäßer Verwendung mit den grundlegenden Anforderungen im Einklang stehen, die in dieser Richtlinie festgelegt wurden, sowie, im Fall der grundlegenden Anforderung, um die menschliche Gesundheit und Sicherheit und die Gesundheit und Sicherheit von Haus- und Nutztieren sowie den Schutz von Gütern zu gewähr-leisten, auch unter nach vernünftigem Ermessen vorhersehbaren Nutzungsbedingungen. Funkanlagen sollten nur unter Nutzungsbedingungen, die nach vernünftigem Ermessen vorhersehbar sind, das heißt, wenn sich eine solche Nutzung aus einem rechtmäßigen und ohne Weiteres vorhersehbaren Verhalten eines Menschen ergeben kann, als nicht konform mit dieser grundlegenden Anforderung gelten.

(47) In Anbetracht des raschen technologischen Wandels zu einem papierfreien Umfeld, in dem Funkanlagen mit einem integrierten Bildschirm ausgestattet sind, sollte die Kommission im Zuge der Überprüfung der Umsetzung dieser Richtlinie untersuchen, ob die Anforderungen in Bezug auf die Anbringung des Namens, des eingetragenen Handelsnamens oder der eingetragenen Handelsmarke des Herstellers, die Angabe einer zentralen Stelle oder einer Postanschrift, unter der er erreichbar ist, die CE-Kennzeichnung und die EU-Konformitätserklärung durch eine Funktion ersetzt werden können, bei der diese Informationen beim Einschalten der Funkanlage automatisch ein-geblendet werden oder der Endnutzer auswählen kann, ob die einschlägigen Informationen eingeblendet werden sollen. Darüber hinaus sollte die Kommission im Rahmen dieser Untersuchung prüfen, ob auf dem integrierten Bildschirm einer Funkanlage, in die ein anfangs nicht geladener Akkumulator eingebaut ist, ein abziehbarer trans-parenter Aufkleber mit den genannten Informationen angebracht werden kann.

(48) Bestimmte in dieser Richtlinie dargelegte Konformitätsbewertungsverfahren erfordern, dass Konformitätsbewertungsstellen tätig werden, die der Kommission von den Mitgliedstaaten notifiziert werden.

(49) Die Erfahrung hat gezeigt, dass die Kriterien, die Konformitätsbewertungsstellen gemäß der Richtlinie 1999/5/EG erfüllen müssen, damit sie der Kommission notifiziert werden können, nicht dafür ausreichen, unionsweit ein einheitlich hohes Leistungsniveau der notifizierten Stellen sicherzustellen. Es ist jedoch von entscheidender Bedeutung, dass alle notifizierten Stellen ihre Tätigkeit auf dem gleichen Niveau und unter fairen Wettbewerbsbedingungen ausüben. Dies erfordert mithin die Festlegung verbindlicher Anforderungen für Konformitätsbewertungsstellen, die eine Notifizierung für die Erbringung von Konformitätsbewertungsleistungen anstreben.

(50) Weist eine Konformitätsbewertungsstelle nach, dass sie die in harmonisierten Normen festgelegten Kriterien erfüllt, so sollte davon ausgegangen werden, dass sie die entsprechenden Anforderungen dieser Richtlinie erfüllt.

(51) Um für ein einheitliches Qualitätsniveau bei der Konformitätsbewertung zu sorgen, müssen zudem Anforderungen an die notifizierenden Behörden und andere Stellen, die an der Bewertung, Notizifierung und Überwachung der notifizierten Stellen mitwirken, festgelegt werden.

(52) Das in dieser Richtlinie dargelegte System sollte durch das Akkreditierungssystem gemäß der Verordnung (EG) Nr. 765/2008 ergänzt werden. Da die Akkreditierung ein wichtiges Mittel zur Überprüfung der Kompetenz von Konformitätsbewertungsstellen ist, sollte sie auch zu Zwecken der Notifizierung eingesetzt werden.

(53) Eine transparente Akkreditierung nach Maßgabe der Verordnung (EG) Nr. 765/2008, durch die sichergestellt ist, dass Konformitätsbescheinigungen das notwendige Maß an Vertrauen entgegengebracht wird, sollte unionsweit von den nationalen Behörden als bevorzugtes Mittel zum Nachweis der fachlichen Kompetenz der Konformitätsbewertungsstellen angesehen werden. Allerdings können nationale Behörden die Auffassung vertreten, dass sie die geeigneten Mittel haben, um diese Beurteilung selbst vorzunehmen. Um in solchen Fällen dafür zu sorgen, dass die durch andere nationale Behörden vorgenommenen Beurteilungen glaubwürdig sind, sollten sie der Kommission und den anderen Mitgliedstaaten alle erforderlichen Unterlagen übermitteln, aus denen hervorgeht, dass die beurteilten Konformitätsbewertungsstellen die entsprechenden rechtlichen Anforderungen erfüllen.

(54) Häufig vergeben Konformitätsbewertungsstellen Teile ihrer Arbeit im Zusammenhang mit der Konformitätsbewertung an Unterauftragnehmer oder übertragen sie an Zweigstellen. Damit das für das Inverkehrbringen von Funkanlagen in der Union erforderliche Schutzniveau gewahrt ist, müssen die Unterauftragnehmer und Zweigstellen bei der Ausführung der Konformitätsbewertungsaufgaben unbedingt denselben Anforderungen genügen wie die notifizierten Stellen. Aus diesem Grund ist es wichtig, dass die Bewertung von Kompetenz und Leistungsfähigkeit der um Notifizierung nachsuchenden Stellen und die Überwachung von bereits notifizierten Stellen sich auch auf die Tätigkeiten erstrecken, die von Unterauftragnehmern und Zweigstellen übernommen werden.

(55) Das Notifizierungsverfahren muss effizienter und transparenter werden; insbesondere muss es an die neuen Technologien angepasst werden, um eine Online-Notifizierung zu ermöglichen.

(56) Da die notifizierten Stellen ihre Dienstleistungen in der gesamten Union anbieten können, sollten die anderen Mitgliedstaaten und die Kommission die Möglichkeit erhalten, Einwände im Hinblick auf eine notifizierte Stelle zu erheben. Daher ist es wichtig, dass eine Frist vorgesehen wird, innerhalb derer etwaige Zweifel an der Kompetenz von Konformitätsbewertungsstellen oder diesbezügliche Bedenken geklärt werden können, bevor sie ihre Arbeit als notifizierte Stellen aufnehmen.

(57) Im Interesse der Wettbewerbsfähigkeit ist es entscheidend, dass die notifizierten Stellen die Konformitätsbewertungsverfahren anwenden, ohne unnötigen Aufwand für die Wirtschaftsakteure zu schaffen. Aus demselben Grund, aber auch damit die Gleichbehandlung der Wirtschaftsakteure sichergestellt ist, ist für eine einheitliche technische Anwendung der Konformitätsbewertungsverfahren zu sorgen. Dies lässt sich am besten durch eine zweckmäßige Koordinierung und Zusammenarbeit zwischen den notifizierten Stellen erreichen.

(58) Damit die Rechtssicherheit gewährleistet ist, muss klargestellt werden, dass die Vorschriften der Verordnung (EG) Nr. 765/2008 für die Marktüberwachung in der Union und für die Kontrolle von Produkten, die auf den Unionsmarkt gelangen, auch für unter diese Richtlinie fallende Funkanlagen gelten. Diese Richtlinie sollte die Mitgliedstaaten nicht daran hindern, zu entscheiden, welche Behörden für die Wahrnehmung dieser Aufgaben zuständig sind.

(59) In der Richtlinie 1999/5/EG ist bereits ein Schutzklauselverfahren vorgesehen, das erst dann anzuwenden ist, wenn zwischen den Mitgliedstaaten Uneinigkeit über die Maßnahmen eines einzelnen Mitgliedstaats herrscht. Im Sinne größerer Transparenz und kürzerer Bearbeitungszeiten ist es notwendig, das bestehende Schutzklauselverfahren zu verbessern, damit es effizienter wird und der in den Mitgliedstaaten vorhandene Sachverstand genutzt wird.

(60) Die nach Maßgabe der Entscheidung Nr. 676/2002/EG getroffenen Entscheidungen der Kommission können auch die Bedingungen für die Verfügbarkeit und die effiziente Nutzung von Funkfrequenzen betreffen, was zur Folge haben kann, dass die Gesamtzahl der in Betrieb genommenen Funkanlagen begrenzt wird, beispielsweise durch eine Befristung, die Festlegung einer Quote für die maximale Marktdurchdringung oder die Festlegung der maximalen Anzahl der Funkanlagen in jedem einzelnen Mitgliedstaat oder in der gesamten Union. Diese Auflagen ermöglichen die Öffnung des Marktes für neue Funkanlagen und begrenzen gleichzeitig die Gefahr, dass durch eine zu große Anzahl von in Betrieb genommenen Funkanlagen funktechnische Störungen auftreten, selbst wenn jede einzelne Anlage für sich genommen den grundlegenden Anforderungen dieser Richtlinie entspricht. Durch Verstöße gegen derartige Auflagen können Gefahren im Zusammenhang mit den grundlegenden Anforderungen entstehen, vor allem funktechnische Störungen.

(61) Das vorhandene System sollte um ein Verfahren ergänzt werden, mit dem die Interessenträger informiert werden, wenn Maßnahmen gegen Funkanlagen geplant sind, die eine Gefahr für die Gesundheit oder Sicherheit des Menschen oder für andere unter diese Richtlinie fallende Aspekte des Schutzes der Interessen der Öffentlichkeit darstellen. Auf diese Weise könnten die Marktüberwachungsbehörden in Zusammenarbeit mit den betreffenden Wirtschaftsakteuren bei derartigen Geräten zu einem früheren Zeitpunkt tätig werden.

(62) In den Fällen, in denen die Mitgliedstaaten und die Kommission die Begründung einer von einem Mitgliedstaat ergriffenen Maßnahme einhellig annehmen, sollte die Kommission nicht weiter tätig werden müssen, es sei denn, die fehlende Konformität kann den Mängeln einer harmonisierten Norm zugerechnet werden.

(63) Zur Gewährleistung einheitlicher Bedingungen für die Durchführung dieser Richtlinie sollten der Kommission Durchführungsbefugnisse übertragen werden. Diese Befugnisse sollten im Einklang mit der Verordnung (EU) Nr. 182/2011 des Europäischen Parlaments und des Rates (¹) ausgeübt werden.

(64) Das Beratungsverfahren sollte für den Erlass von Durchführungsrechtsakten angewendet werden, in denen die Aufmachung von Informationen im Fall von Beschränkungen der Inbetriebnahme oder im Fall von für die Nutzungsgenehmigung zu erfüllenden Anforderungen festgelegt wird und mit denen der notifizierende Mitgliedstaat aufgefordert wird, die erforderlichen Korrekturmaßnahmen in Bezug auf notifizierte Stellen, die die Anforderungen für ihre Notifizierung nicht oder nicht mehr erfüllen, zu treffen.

(65) Das Prüfverfahren sollte für den Erlass von Durchführungsrechtsakten angewendet werden: um festzulegen, ob bestimmte Kategorien elektrischer oder elektronischer Produkte der Definition des Begriffs „Funkanlage" entsprechen, um die praktischen Regelungen dafür festzulegen, wie die Informationen über die Konformität verfügbar zu machen sind und wie die Registrierung und die Anbringung der Registriernummer an der Funkanlage zu erfolgen haben, und um die Äquivalenz zwischen gemeldeten Funkschnittstellen festzustellen und eine Funkanlagenklasse zuzuteilen. Das Prüfverfahren sollte auch in Bezug auf konforme Funkanlagen angewendet werden, die eine Gefahr für die Gesundheit oder Sicherheit des Menschen oder für andere Aspekte des Schutzes der Interessen der Öffentlichkeit darstellen.

(66) Die Kommission sollte sofort geltende Durchführungsrechtsakte erlassen, wenn dies in hinreichend begründeten Fällen im Zusammenhang mit konformen Funkanlagen, die eine Gefahr für die Gesundheit oder Sicherheit des Menschen darstellen, aus Gründen äußerster Dringlichkeit erforderlich ist.

(67) Nach gängiger Praxis kann der durch diese Richtlinie eingesetzte Ausschuss gemäß seiner Geschäftsordnung eine nützliche Rolle bei der Prüfung von Angelegenheiten spielen, die die Anwendung dieser Richtlinie betreffen und entweder von seinem Vorsitz oder einem Vertreter eines Mitgliedstaats vorgelegt werden.

(¹) Verordnung (EU) Nr. 182/2011 des Europäischen Parlaments und des Rates vom 16. Februar 2011 zur Festlegung der allgemeinen Regeln und Grundsätze, nach denen die Mitgliedstaaten die Wahrnehmung der Durchführungsbefugnisse durch die Kommission kontrollieren (ABl. L 55 vom 28.2.2011, S. 13).

(68) Wenn Angelegenheiten im Zusammenhang mit dieser Richtlinie geprüft werden, die nicht ihre Umsetzung oder Verstöße gegen sie betreffen, das heißt, in einer Sachverständigengruppe der Kommission, sollte das Europäische Parlament im Einklang mit der jetzigen Praxis umfassende Informationen und Unterlagen und, soweit zweckmäßig, eine Einladung zur Teilnahme an Sitzungen erhalten.

(69) Die Kommission sollte im Wege von Durchführungsrechtsakten und — angesichts ihrer Besonderheiten — ohne Anwendung der Verordnung (EU) Nr. 182/2011 feststellen, ob Maßnahmen, die von Mitgliedstaaten in Bezug auf nicht konforme Funkanlagen getroffen wurden, gerechtfertigt sind.

(70) Die Mitgliedstaaten sollten für Verstöße gegen die nationalen Rechtsvorschriften, die aufgrund dieser Richtlinie erlassen wurden, Bestimmungen über Sanktionen festlegen und sicherstellen, dass diese Bestimmungen durchgesetzt werden. Diese Sanktionen sollten wirksam, verhältnismäßig und abschreckend sein.

(71) Es müssen Übergangsregelungen vorgesehen werden, nach denen es zulässig ist, Funkanlagen, die bereits im Einklang mit der Richtlinie 1999/5/EG in Verkehr gebracht wurden, auf dem Markt bereitzustellen und in Betrieb zu nehmen.

(72) Der Europäische Datenschutzbeauftragte wurde angehört.

(73) Da die Ziele dieser Richtlinie, nämlich sicherzustellen, dass die auf dem Markt bereitgestellten Funkanlagen Anforderungen erfüllen, mit denen für ein hohes Maß an Schutz auf den Gebieten der Gesundheit und der Sicherheit sowie für ein angemessenes Niveau an elektromagnetischer Verträglichkeit und für eine wirksame und effiziente Nutzung von Funkfrequenzen zur Vermeidung funktechnischer Störungen gesorgt ist, wobei das reibungslose Funktionieren des Binnenmarktes sichergestellt sein muss, von den Mitgliedstaaten nicht im notwendigen Umfang erreicht werden können, sondern sich vielmehr wegen ihres Umfangs und ihrer Wirkungen besser auf Unionsebene erreichen lassen, kann die Union im Einklang mit dem in Artikel 5 des Vertrags über die Europäische Union niedergelegten Subsidiaritätsprinzip tätig werden. Entsprechend dem in demselben Artikel genannten Grundsatz der Verhältnismäßigkeit geht diese Richtlinie nicht über das zur Erreichung dieses Ziels erforderliche Maß hinaus.

(74) Die Richtlinie 1999/5/EG sollte aufgehoben werden.

(75) Gemäß der Gemeinsamen Politischen Erklärung der Mitgliedstaaten und der Kommission vom 28. September 2011 zu erläuternden Dokumenten ([1]) haben sich die Mitgliedstaaten verpflichtet, in begründeten Fällen zusätzlich zur Mitteilung ihrer Umsetzungsmaßnahmen ein oder mehrere Dokumente zu übermitteln, in denen der Zusammenhang zwischen den Bestandteilen einer Richtlinie und den entsprechenden Teilen innerstaatlicher Umsetzungsinstrumente erläutert wird. In Bezug auf diese Richtlinie erachtet der Gesetzgeber die Übermittlung solcher Dokumente als begründet. —

HABEN FOLGENDE RICHTLINIE ERLASSEN:

KAPITEL I

ALLGEMEINE BESTIMMUNGEN

Artikel 1

Gegenstand und Geltungsbereich

(1) Mit dieser Richtlinie wird in der Union ein Regelungsrahmen für die Bereitstellung auf dem Markt und die Inbetriebnahme von Funkanlagen festgelegt.

(2) Diese Richtlinie gilt nicht für die in Anhang I aufgeführten Geräte.

([1]) ABl. C 369 vom 17.12.2011, S. 14.

(3) Diese Richtlinie gilt nicht für Funkanlagen, die ausschließlich für Tätigkeiten im Zusammenhang mit der öffentlichen Sicherheit, der Verteidigung, der Sicherheit des Staates einschließlich seines wirtschaftlichen Wohls, wenn sich die Tätigkeiten auf Angelegenheiten der staatlichen Sicherheit beziehen, oder für die Tätigkeiten des Staates im strafrechtlichen Bereich benutzt werden.

(4) Mit Ausnahme der Fälle gemäß Artikel 3 Absatz 1 Buchstabe a werden Funkanlagen, die in den Anwendungsbereich dieser Richtlinie fallen, nicht von der Richtlinie 2014/35/EU erfasst.

Artikel 2

Begriffsbestimmungen

(1)   Für die Zwecke dieser Richtlinie bezeichnet der Ausdruck

1. „Funkanlage" ein elektrisches oder elektronisches Erzeugnis, das zum Zweck der Funkkommunikation und/oder der Funkortung bestimmungsgemäß Funkwellen ausstrahlt und/oder empfängt, oder ein elektrisches oder elektronisches Erzeugnis, das Zubehör, etwa eine Antenne, benötigt, damit es zum Zweck der Funkkommunikation und/oder der Funkortung bestimmungsgemäß Funkwellen ausstrahlen und/oder empfangen kann;

2. „Funkkommunikation" elektronische Kommunikation mittels Funkwellen;

3. „Funkortung" die Bestimmung der Position, Geschwindigkeit und/oder anderer Merkmale eines Objekts oder die Erfassung von Daten in Bezug auf diese Parameter mittels der Ausbreitungseigenschaften von Funkwellen;

4. „Funkwellen" elektromagnetische Wellen mit Frequenzen unter 3 000 GHz, die sich ohne künstliche Führung im Raum ausbreiten;

5. „Funkschnittstelle" die Spezifikation der regulierten Nutzung von Funkfrequenzen;

6. „Funkanlagenklasse" eine Klassenbezeichnung für bestimmte Kategorien von Funkanlagen, die im Sinne dieser Richtlinie als vergleichbar gelten, und zur Vorgabe der Funkschnittstellen, für die die Funkanlagen ausgelegt wurden;

7. „funktechnische Störung" eine funktechnische Störung im Sinne von Artikel 2 Buchstabe r der Richtlinie 2002/21/EG des Europäischen Parlaments und des Rates ([1]);

8. „elektromagnetische Störung" eine elektromagnetische Störung im Sinne von Artikel 3 Absatz 1 Nummer 5 der Richtlinie 2014/30/EU;

9. „Bereitstellung auf dem Markt" jede entgeltliche oder unentgeltliche Abgabe eines Produkts zum Vertrieb, Verbrauch oder zur Verwendung auf dem Unionsmarkt im Rahmen einer Geschäftstätigkeit;

10. „Inverkehrbringen" die erstmalige Bereitstellung von Funkanlagen auf dem Unionsmarkt;

11. „Inbetriebnahme" die erstmalige Verwendung von Funkanlagen in der Union durch ihren Endnutzer;

12. „Hersteller" jede natürliche oder juristische Person, die Funkanlagen herstellt oder Funkanlagen entwickeln oder herstellen lässt und sie unter ihrem Namen oder ihrer Handelsmarke in Verkehr bringt;

13. „Bevollmächtigter" jede in der Union ansässige natürliche oder juristische Person, die vom Hersteller schriftlich ermächtigt wurde, in seinem Namen bestimmte Aufgaben wahrzunehmen;

14. „Einführer" jede in der Union ansässige natürliche oder juristische Person, die eine Funkanlage aus einem Drittstaat auf dem Unionsmarkt in Verkehr bringt;

([1]) Richtlinie 2002/21/EG des Europäischen Parlaments und des Rates vom 7. März 2002 über einen gemeinsamen Rechtsrahmen für elektronische Kommunikationsnetze und -dienste (Rahmenrichtlinie) (ABl. L 108 vom 24.4.2002, S. 33).

15. „Händler" jede natürliche oder juristische Person in der Lieferkette außer dem Hersteller oder dem Einführer, die Funkanlagen auf dem Markt bereitstellt;

16. „Wirtschaftsakteur" den Hersteller, den Bevollmächtigten, den Einführer und den Händler;

17. „technische Spezifikation" ein Dokument, in dem die technischen Anforderungen vorgeschrieben sind, die eine Funkanlage erfüllen muss;

18. „harmonisierte Norm" eine harmonisierte Norm im Sinne von Artikel 2 Nummer 1 Buchstabe c der Verordnung (EU) Nr. 1025/2012;

19. „Akkreditierung" eine Akkreditierung im Sinne von Artikel 2 Nummer 10 der Verordnung (EG) Nr. 765/2008;

20. „nationale Akkreditierungsstelle" eine nationale Akkreditierungsstelle im Sinne von Artikel 2 Nummer 11 der Verordnung (EG) Nr. 765/2008;

21. „Konformitätsbewertung" das Verfahren, mit dem festgestellt wird, ob die grundlegenden Anforderungen dieser Richtlinie an Funkanlagen erfüllt wurden;

22. „Konformitätsbewertungsstelle" eine Stelle, die Konformitätsbewertungstätigkeiten durchführt;

23. „Rückruf" jede Maßnahme, die auf Erwirkung der Rückgabe einer dem Endnutzer bereits bereitgestellten Funkanlage abzielt;

24. „Rücknahme" jede Maßnahme, mit der verhindert werden soll, dass eine in der Lieferkette befindliche Funkanlage auf dem Markt bereitgestellt wird;

25. „Harmonisierungsrechtsvorschriften der Union" Rechtsvorschriften der Union zur Harmonisierung der Bedingungen für die Vermarktung von Produkten;

26. „CE-Kennzeichnung" eine Kennzeichnung, durch die der Hersteller erklärt, dass die Funkanlage den geltenden Anforderungen genügt, die in den Harmonisierungsrechtsvorschriften der Union über ihre Anbringung festgelegt sind.

(2) Die Kommission kann Durchführungsrechtsakte erlassen, in denen sie festlegt, ob bestimmte Kategorien elektrischer oder elektronischer Produkte der Definition in Absatz 1 Nummer 1 dieses Artikels entsprechen. Diese Durchführungsrechtsakte werden gemäß dem in Artikel 45 Absatz 3 genannten Prüfverfahren erlassen.

Artikel 3

Grundlegende Anforderungen

(1) Bei Funkanlagen muss durch ihr Baumuster Folgendes gewährleistet sein:

a) der Schutz der Gesundheit und Sicherheit von Menschen und Haus- und Nutztieren sowie der Schutz von Gütern einschließlich der in der Richtlinie 2014/35/EU enthaltenen Ziele in Bezug auf die Sicherheitsanforderungen, jedoch ohne Anwendung der Spannungsgrenze,

b) ein angemessenes Niveau an elektromagnetischer Verträglichkeit gemäß der Richtlinie 2014/30/EU.

(2) Funkanlagen müssen so gebaut sein, dass sowohl eine effektive Nutzung von Funkfrequenzen erfolgt als auch eine Unterstützung zur effizienten Nutzung von Funkfrequenzen gegeben ist, damit keine funktechnischen Störungen auftreten.

(3) Funkanlagen müssen in bestimmten Kategorien oder Klassen so konstruiert sein, dass sie die folgenden grundlegenden Anforderungen erfüllen:

a) Sie sind mit Zubehör, insbesondere mit einheitlichen Ladegeräten, kompatibel.

b) Sie arbeiten über Netzwerke mit anderen Funkanlagen zusammen.

c) Sie können unionsweit über Schnittstellen des geeigneten Typs miteinander verbunden werden.

d) Sie haben weder schädliche Auswirkungen auf das Netz oder seinen Betrieb noch bewirken sie eine missbräuchliche Nutzung von Netzressourcen, wodurch eine unannehmbare Beeinträchtigung des Dienstes verursacht würde.

e) Sie verfügen über Sicherheitsvorrichtungen, die sicherstellen, dass personenbezogene Daten und die Privatsphäre des Nutzers und des Teilnehmers geschützt werden.

f) Sie unterstützen bestimmte Funktionen zum Schutz vor Betrug.

g) Sie unterstützen bestimmte Funktionen, die den Zugang zu Rettungsdiensten sicherstellen.

h) Sie unterstützen bestimmte Funktionen, die ihre Bedienung durch Menschen mit Behinderungen erleichtern sollen.

i) Sie unterstützen bestimmte Funktionen, mit denen sichergestellt werden soll, dass nur solche Software geladen werden kann, für die die Konformität ihrer Kombination mit der Funkanlage nachgewiesen wurde.

Der Kommission wird die Befugnis übertragen, gemäß Artikel 44 delegierte Rechtsakte zu erlassen, in denen festgelegt wird, welche Kategorien oder Klassen von Funkanlagen von den einzelnen in diesem Absatz in Unterabsatz 1 Buchstaben a bis i genannten Anforderungen betroffen sind.

Artikel 4

Bereitstellung von Informationen über die Konformität von Kombinationen aus Funkanlagen und Software

(1) Die Hersteller von Funkanlagen und von Software, die die bestimmungsgemäße Nutzung von Funkanlagen ermöglicht, liefern den Mitgliedstaaten und der Kommission Informationen über die Konformität beabsichtigter Kombinationen von Funkanlagen und Software mit den grundlegenden Anforderungen in Artikel 3. Solche Informationen sind das Ergebnis einer Konformitätsbewertung nach Maßgabe des Artikels 17 und werden in Form eines Hinweises zur Konformität erteilt, der die in Anhang VI aufgeführten Angaben beinhaltet. In Abhängigkeit von der jeweiligen spezifischen Kombination aus Funkanlage und Software muss aus den Informationen eindeutig hervorgehen, welche Funkanlage und Software bewertet wurden, und die Informationen sind stets auf dem aktuellen Stand zu halten.

(2) Der Kommission wird die Befugnis übertragen, gemäß Artikel 44 delegierte Rechtsakte zu erlassen, in denen festgelegt wird, welche Kategorien oder Klassen von Funkanlagen von den Anforderungen in Absatz 1 betroffen sind.

(3) Die Kommission erlässt Durchführungsrechtsakte, in denen sie in Bezug auf die Kategorien und Klassen, die in nach Maßgabe von Absatz 2 erlassenen delegierten Rechtsakten festgelegt wurden, die praktischen Regelungen dazu festlegt, wie die Informationen über die Konformität verfügbar zu machen sind. Diese Durchführungsrechtsakte werden gemäß dem in Artikel 45 Absatz 3 genannten Prüfverfahren erlassen.

Artikel 5

Registrierung von Funkanlagentypen bestimmter Kategorien

(1) Ab dem 12. Juni 2018 müssen Hersteller Funkanlagentypen, die zu Gerätekategorien mit einem geringen Maß an Konformität mit den grundlegenden Anforderungen in Artikel 3 gehören, in einem zentralen System gemäß Absatz 4 dieses Artikels registrieren, bevor die zu den genannten Kategorien gehörenden Funkanlagen in Verkehr gebracht werden. Bei der Registrierung solcher Funkanlagentypen geben die Hersteller einige der oder — falls angezeigt — alle Elemente der technischen Unterlagen an, die in Anhang V Buchstaben a, d, e, f, g, h und i aufgeführt sind. Die Kommission vergibt für jeden registrierten Funkanlagentyp eine Registriernummer, die vom Hersteller an den in Verkehr gebrachten Funkanlagen anzubringen ist.

(2) Der Kommission wird die Befugnis übertragen, gemäß Artikel 44 delegierte Rechtsakte zu erlassen, in denen — unter Berücksichtigung der gemäß Artikel 47 Absatz 1 von den Mitgliedstaaten gelieferten Informationen über die Konformität der Funkanlagen und im Anschluss an eine Bewertung der Risiken einer fehlenden Umsetzung der grundlegenden Anforderungen — die von den Anforderungen in Absatz 1 betroffenen Kategorien von Funkanlagen und die Elemente der bereitzustellenden technischen Unterlagen festgelegt werden.

(3)　Die Kommission erlässt Durchführungsrechtsakte, in denen sie in Bezug auf die Kategorien, die in nach Maßgabe von Absatz 2 erlassenen delegierten Rechtsakten festgelegt wurden, praktische Regelungen dazu festlegt, wie die Registrierung und die Anbringung der Registriernummer an der Funkanlage zu erfolgen haben. Diese Durchführungsrechtsakte werden gemäß dem in Artikel 45 Absatz 3 genannten Prüfverfahren erlassen.

(4)　Die Kommission stellt ein zentrales System zur Registrierung der erforderlichen Informationen durch die Hersteller zur Verfügung. Mit diesem System wird die angemessene Kontrolle des Zugangs zu vertraulichen Informationen sichergestellt.

(5)　Nach dem Datum des Inkrafttretens eines delegierten Rechtsakts, der gemäß Absatz 2 dieses Artikel erlassen wurde, werden in Berichten, die nach Maßgabe von Artikel 47 Absätze 1 und 2 erstellt werden, die Folgen dieses delegierten Rechtsakts bewertet.

Artikel 6

Bereitstellung auf dem Markt

Die Mitgliedstaaten treffen geeignete Maßnahmen, um sicherzustellen, dass Funkanlagen nur auf dem Markt bereitgestellt werden, wenn sie den Bestimmungen dieser Richtlinie entsprechen.

Artikel 7

Inbetriebnahme und Nutzung

Die Mitgliedstaaten gestatten die Inbetriebnahme und Nutzung von Funkanlagen, wenn die Funkanlagen bei korrekter Installation und Wartung sowie bei bestimmungsgemäßer Nutzung den Bestimmungen dieser Richtlinie entsprechen. Unbeschadet ihrer Pflichten aufgrund der Entscheidung Nr. 676/2002/EG und der Bedingungen, an die die Genehmigung zur Frequenznutzung nach dem Unionsrecht, insbesondere nach Artikel 9 Absätze 3 und 4 der Richtlinie 2002/21/EG, geknüpft ist, können die Mitgliedstaaten nur dann zusätzliche Anforderungen an die Inbetriebnahme und/oder die Verwendung von Funkanlagen einführen, wenn die Gründe hierfür in der effektiven und effizienten Nutzung der Funkfrequenzen, der Verhütung funktechnischer Störungen, der Vermeidung elektromagnetischer Störungen oder der öffentlichen Gesundheit liegen.

Artikel 8

Mitteilung von Spezifikationen zu Funkschnittstellen und Zuweisung von Funkanlagenklassen

(1)　Die Mitgliedstaaten melden nach dem in der Richtlinie 98/34/EG festgelegten Verfahren die Funkschnittstellen, die sie zu regulieren beabsichtigen; ausgenommen davon sind:

a) Funkschnittstellen, die vollständig und ohne Abweichungen von Entscheidungen der Kommission über die harmonisierte Nutzung von Funkfrequenzen, die nach Maßgabe der Entscheidung Nr. 676/2002/EG erlassen werden, im Einklang stehen, und

b) Funkschnittstellen, die gemäß den Durchführungsrechtsakten, die gemäß Absatz 2 erlassen wurden, Eigenschaften beschreiben, die Funkanlagen entsprechen, die in der Union uneingeschränkt in Betrieb genommen und genutzt werden dürfen.

(2)　Die Kommission erlässt Durchführungsrechtsakte, zur Festlegung der Äquivalenz zwischen den mitgeteilten Funkschnittstellen und zur Zuteilung einer Funkanlagenklasse, die im *Amtsblatt der Europäischen Union* im Einzelnen veröffentlicht wird. Diese Durchführungsrechtsakte werden gemäß dem in Artikel 45 Absatz 3 genannten Prüfverfahren erlassen.

Artikel 9

Freier Verkehr von Funkanlagen

(1) Die Mitgliedstaaten dürfen aus Gründen im Zusammenhang mit den von dieser Richtlinie erfassten Aspekten die Bereitstellung von Funkanlagen auf dem Markt, die dieser Richtlinie entsprechen, in ihrem Hoheitsgebiet nicht behindern.

(2) Auf Messen, Ausstellungen und ähnlichen Veranstaltungen dürfen die Mitgliedstaaten die Ausstellung von Funkanlagen, die den Anforderungen dieser Richtlinie nicht entsprechen, nicht behindern, falls ein sichtbares Schild deutlich darauf hinweist, dass sie erst auf dem Markt bereitgestellt oder in Betrieb genommen oder verwendet werden dürfen, nachdem sie mit den Bestimmungen dieser Richtlinie in Einklang gebracht worden sind. Die Vorführung von Funkanlagen darf nur stattfinden, falls angemessene Maßnahmen, die von den Mitgliedstaaten vorgeschrieben wurden, ergriffen wurden, um funktechnische und elektromagnetische Störungen zu vermeiden sowie Gefahren für die Gesundheit oder Sicherheit von Menschen oder Haus- und Nutztieren oder für Güter abzuwenden.

KAPITEL II

PFLICHTEN DER WIRTSCHAFTSAKTEURE

Artikel 10

Pflichten der Hersteller

(1) Die Hersteller gewährleisten, wenn sie ihre Funkanlagen in Verkehr bringen, dass diese entsprechend den grundlegenden Anforderungen in Artikel 3 entworfen und hergestellt wurden.

(2) Die Hersteller gewährleisten, dass Funkanlagen so konstruiert sind, dass sie in mindestens einem Mitgliedstaat betrieben werden können, ohne die geltenden Vorschriften über die Nutzung der Funkfrequenzen zu verletzen.

(3) Die Hersteller erstellen die technischen Unterlagen gemäß Artikel 21 und führen das einschlägige Konformitätsbewertungsverfahren gemäß Artikel 17 durch oder lassen es durchführen.

Wurde die Konformität der Funkanlage mit den geltenden Anforderungen im Rahmen dieses Konformitätsbewertungsverfahrens nachgewiesen, stellt der Hersteller eine EU-Konformitätserklärung aus und bringt das CE-Zeichen an.

(4) Die Hersteller bewahren die technischen Unterlagen und die EU-Konformitätserklärung zehn Jahre ab dem Inverkehrbringen der Funkanlage auf.

(5) Die Hersteller gewährleisten durch geeignete Verfahren, dass stets Konformität mit dieser Richtlinie bei Serienfertigung sichergestellt ist. Änderungen des Entwurfs einer Funkanlage oder an ihren Merkmalen sowie Änderungen der harmonisierten Normen oder sonstiger technischer Spezifikationen, auf die bei Erklärung der Konformität einer Funkanlage verwiesen wird, werden angemessen berücksichtigt.

Die Hersteller nehmen, falls dies angesichts der von einer Funkanlage ausgehenden Gefahren als zweckmäßig betrachtet wird, zum Schutz der Gesundheit und der Sicherheit der Endnutzer Stichproben von auf dem Markt bereitgestellten Funkanlagen, nehmen Prüfungen vor, führen erforderlichenfalls ein Verzeichnis der Beschwerden, der nichtkonformen Funkanlagen und der Rückrufe und halten die Händler über diese Überwachung auf dem Laufenden.

(6) Die Hersteller gewährleisten, dass die von ihnen in Verkehr gebrachten Funkanlagen eine Typen-, Chargen- oder Seriennummer oder ein anderes Kennzeichen zu seiner Identifikation tragen, oder, falls dies aufgrund der Größe oder Art der Funkanlage nicht möglich ist, dass die erforderlichen Informationen auf der Verpackung oder in den der Funkanlage beigefügten Unterlagen angegeben werden.

(7)   Die Hersteller geben ihren Namen, ihren eingetragenen Handelsnamen oder ihre eingetragene Handelsmarke sowie ihre Postanschrift, unter der sie erreichbar sind, auf der Funkanlage selbst oder, falls dies aufgrund der Größe oder Art der Funkanlage nicht möglich ist, auf der Verpackung oder in den der Funkanlage beigefügten Unterlagen an. In der Anschrift wird eine zentrale Stelle angegeben, unter der der Hersteller kontaktiert werden kann. Die Kontaktangaben sind in einer für die Endnutzer und Marktüberwachungsbehörden leicht verständlichen Sprache abzufassen.

(8)   Die Hersteller gewährleisten, dass der Funkanlage eine Gebrauchsanleitung und Sicherheitsinformationen beigefügt sind; diese müssen in einer für die Verbraucher und sonstigen Endnutzer leicht verständlichen Sprache abgefasst sein, die von dem betreffenden Mitgliedstaat festgelegt wird. Die Gebrauchsanleitung muss die Informationen enthalten, die für die bestimmungsgemäße Verwendung der Funkanlage erforderlich sind. Dies umfasst gegebenenfalls eine Beschreibung des Zubehörs und der Bestandteile einschließlich Software, die den bestimmungsgemäßen Betrieb der Funkanlage ermöglichen. Diese Gebrauchsanleitungen und Sicherheitsinformationen sowie alle Kennzeichnungen müssen klar, verständlich und deutlich sein.

Zudem müssen, falls die Funkanlage bestimmungsgemäß Funkwellen ausstrahlt, folgende Informationen enthalten sein:

a) das Frequenzband oder die Frequenzbänder, in dem bzw. denen die Funkanlage betrieben wird,

b) die in dem Frequenzband oder den Frequenzbändern, in dem bzw. denen die Funkanlage betrieben wird, abgestrahlte maximale Sendeleistung.

(9)   Die Hersteller gewährleisten, dass jeder Funkanlage eine Kopie der EU-Konformitätserklärung oder eine vereinfachte EU-Konformitätserklärung beigefügt ist. Wird nur eine vereinfachte EU-Konformitätserklärung bereitgestellt, muss darin die genaue Internetadresse angegeben sein, unter der der vollständige Text der EU-Konformitätserklärung erhältlich ist.

(10)   Im Fall von Beschränkungen der Inbetriebnahme oder im Fall von für die Nutzungsgenehmigung zu erfüllenden Anforderungen muss aus den Angaben auf der Verpackung der Mitgliedstaat oder das geografische Gebiet innerhalb eines Mitgliedstaats hervorgehen, in dem Beschränkungen oder für die Nutzungsgenehmigung zu erfüllende Anforderungen gelten. Diese Angaben sind in der der Funkanlage beiliegenden Gebrauchsanleitung vollständig vorzunehmen. Die Kommission kann Durchführungsrechtsakte erlassen, in denen die Aufmachung dieser Informationen festgelegt wird. Diese Durchführungsrechtsakte werden gemäß dem in Artikel 45 Absatz 2 genannten Beratungsverfahren erlassen.

(11)   Hersteller, die der Ansicht sind oder Grund zu der Annahme haben, dass von ihnen in Verkehr gebrachte Funkanlagen die Anforderungen dieser Richtlinie nicht erfüllen, ergreifen unverzüglich die erforderlichen Korrekturmaßnahmen, die notwendig sind, um die Konformität der betreffenden Funkanlagen herzustellen oder sie gegebenenfalls zurückzunehmen oder zurückzurufen. Zudem unterrichten die Hersteller, wenn von Funkanlagen eine Gefahr ausgeht, hiervon unverzüglich die zuständigen nationalen Behörden der Mitgliedstaaten, in denen sie die Funkanlage auf dem Markt bereitgestellt haben, und machen dabei ausführliche Angaben insbesondere über die fehlende Konformität, die getroffenen Korrekturmaßnahmen und deren Ergebnisse.

(12)   Die Hersteller stellen der zuständigen nationalen Behörde auf deren begründetes Verlangen alle Informationen und Unterlagen, die für den Nachweis der Konformität der Funkanlage mit dieser Richtlinie erforderlich sind, in Papierform oder auf elektronischem Wege in einer für diese Behörde leicht verständlichen Sprache zur Verfügung. Sie kooperieren mit dieser Behörde auf deren Verlangen bei allen Maßnahmen zur Abwendung von Gefahren durch von ihnen in Verkehr gebrachte Funkanlagen.

Artikel 11

Bevollmächtigte

(1)   Ein Hersteller kann schriftlich einen Bevollmächtigten notifizieren.

Die Pflichten gemäß Artikel 10 Absatz 1 und die in Artikel 10 Absatz 3 aufgestellte Pflicht zur Erstellung von technischen Unterlagen sind nicht Teil des Auftrags eines Bevollmächtigten.

(2) Ein Bevollmächtigter nimmt die Aufgaben wahr, die der Hersteller in seinem Auftrag an ihn festgelegt hat. Der Auftrag muss dem Bevollmächtigten gestatten, mindestens folgende Aufgaben wahrzunehmen:

a) Bereithaltung der EU-Konformitätserklärung und der technischen Unterlagen für die nationalen Marktüberwachungsbehörden über einen Zeitraum von zehn Jahren nach Inverkehrbringen einer Funkanlage,

b) auf begründetes Verlangen einer zuständigen nationalen Behörde Bereitstellung aller erforderlichen Informationen und Unterlagen zum Nachweis der Konformität einer Funkanlage an diese Behörde,

c) auf Verlangen der zuständigen nationalen Behörden Kooperation bei allen Maßnahmen zur Abwendung der Gefahren, die von Funkanlagen ausgehen, die zum Aufgabenbereich des Bevollmächtigten gehören.

Artikel 12

Pflichten der Einführer

(1) Einführer bringen nur konforme Funkanlagen in Verkehr.

(2) Die Einführer gewährleisten vor dem Inverkehrbringen einer Funkanlage, dass vom Hersteller das geeignete Konformitätsbewertungsverfahren gemäß Artikel 17 durchgeführt wurde und dass die Funkanlage so gebaut ist, dass sie in mindestens einem Mitgliedstaat betrieben werden kann, ohne die geltenden Vorschriften über die Nutzung von Funkfrequenzen zu verletzen. Sie gewährleisten, dass der Hersteller die technischen Unterlagen erstellt hat, dass die Funkanlage mit der CE-Kennzeichnung versehen ist, dass ihr die Informationen und Unterlagen gemäß Artikel 10 Absätze 8, 9 und 10 beigefügt sind und dass der Hersteller die Anforderungen von Artikel 10 Absätze 6 und 7 erfüllt hat.

Ist ein Einführer der Auffassung oder hat er Grund zu der Annahme, dass eine Funkanlage die grundlegenden Anforderungen in Artikel 3 nicht erfüllt, bringt er diese Funkanlage nicht in Verkehr, bevor ihre Konformität hergestellt ist. Wenn mit der Funkanlage eine Gefahr verbunden ist, unterrichtet der Einführer zudem den Hersteller und die Marktüberwachungsbehörden hiervon.

(3) Die Einführer geben auf der Funkanlage ihren Namen, ihren eingetragenen Handelsnamen oder ihre eingetragene Handelsmarke und die Postanschrift, unter der sie erreichbar sind, oder, wenn dies nicht möglich ist, auf der Verpackung oder in den der Funkanlage beigefügten Unterlagen an. Dies gilt auch für Fälle, in denen dies aufgrund der Größe der Funkanlage nicht möglich ist oder der Einführer zum Anbringen seines Namens und seiner Anschrift die Verpackung öffnen müsste. Die Kontaktangaben sind in einer für die Endnutzer und Marktüberwachungsbehörden leicht verständlichen Sprache abzufassen.

(4) Die Einführer gewährleisten, dass der Funkanlage eine Gebrauchsanleitung und Sicherheitsinformationen beigefügt sind; diese müssen in einer für die Verbraucher und sonstigen Endnutzer leicht verständlichen Sprache abgefasst sein, die von dem betreffenden Mitgliedstaat festgelegt wird.

(5) Die Einführer gewährleisten, dass die Lagerungs- oder Transportbedingungen einer Funkanlage, solange diese sich in ihrer Verantwortung befindet, deren Konformität mit den grundlegenden Anforderungen in Artikel 3 nicht beeinträchtigen.

(6) Die Einführer nehmen, falls dies angesichts der von einer Funkanlage ausgehenden Gefahren als zweckmäßig betrachtet wird, zum Schutz der Gesundheit und der Sicherheit der Endnutzer Stichproben von auf dem Markt bereitgestellten Funkanlagen, nehmen Prüfungen vor, führen erforderlichenfalls ein Verzeichnis der Beschwerden, der nichtkonformen Funkanlagen und der Rückrufe und halten die Händler über diese Überwachung auf dem Laufenden.

(7)   Einführer, die der Ansicht sind oder Grund zu der Annahme haben, dass eine von ihnen in Verkehr gebrachte Funkanlage die Anforderungen dieser Richtlinie nicht erfüllt, ergreifen unverzüglich die Korrekturmaßnahmen, die notwendig sind, um die Konformität der betreffenden Funkanlagen herzustellen oder sie gegebenenfalls zurückzunehmen oder zurückzurufen. Zudem unterrichten die Einführer, falls von einer Funkanlage eine Gefahr ausgeht, hiervon sofort die zuständigen nationalen Behörden der Mitgliedstaaten, in denen sie die Funkanlage auf dem Markt bereitgestellt haben, und machen dabei genaue Angaben insbesondere über die fehlende Konformität und die getroffenen Korrekturmaßnahmen.

(8)   Die Einführer halten über einen Zeitraum von zehn Jahren ab Inverkehrbringen der Funkanlage eine Kopie der EU-Konformitätserklärung für die Marktüberwachungsbehörden bereit und sorgen dafür, dass sie ihnen die technischen Unterlagen auf Verlangen vorlegen können.

(9)   Die Einführer stellen der zuständigen nationalen Behörde auf deren begründetes Verlangen alle Informationen und Unterlagen, die für den Nachweis der Konformität der Funkanlage mit dieser Richtlinie erforderlich sind, in Papierform oder auf elektronischem Wege in einer für die Behörde leicht verständlichen Sprache zur Verfügung. Sie kooperieren mit dieser Behörde auf deren Verlangen bei allen Maßnahmen zur Abwendung von Gefahren durch von ihnen in Verkehr gebrachte Funkanlagen.

Artikel 13

Pflichten der Händler

(1)   Die Händler berücksichtigen die Anforderungen dieser Richtlinie mit gebührender Sorgfalt, wenn sie eine Funkanlage auf dem Markt bereitstellen.

(2)   Die Händler überprüfen, bevor sie eine Funkanlage auf dem Markt bereitstellen, ob sie mit der CE-Kennzeichnung versehen ist, ob ihr die gemäß dieser Richtlinie erforderlichen Unterlagen sowie die Gebrauchsanleitung und die Sicherheitsinformationen in einer für die Verbraucher und sonstigen Endnutzer in dem Mitgliedstaat, in dem die Funkanlage auf dem Markt bereitgestellt werden soll, leicht verständlichen Sprache beigefügt sind und ob der Hersteller und der Einführer die Anforderungen von Artikel 10 Absatz 2 und Absätze 6 bis 10 und von Artikel 12 Absatz 3 erfüllt haben.

Ist ein Händler der Auffassung oder hat er Grund zu der Annahme, dass eine Funkanlage die grundlegenden Anforderungen in Artikel 3 nicht erfüllt, stellt er diese Funkanlage nicht auf dem Markt bereit, bevor ihre Konformität hergestellt ist. Wenn mit der Funkanlage eine Gefahr verbunden ist, unterrichtet der Händler zudem den Hersteller oder den Einführer sowie die Marktüberwachungsbehörden.

(3)   Die Händler gewährleisten, dass die Lagerungs- oder Transportbedingungen einer Funkanlage, solange diese sich in ihrer Verantwortung befindet, deren Konformität mit den grundlegenden Anforderungen in Artikel 3 nicht beeinträchtigen.

(4)   Händler, die der Ansicht sind oder Grund zu der Annahme haben, dass eine von ihnen auf dem Markt bereitgestellte Funkanlage die Anforderungen dieser Richtlinie nicht erfüllt, vergewissern sich, dass die Korrekturmaßnahmen, die notwendig sind, um die Konformität der betreffenden Funkanlage herzustellen oder sie gegebenenfalls zurückzunehmen oder zurückzurufen, getroffen werden. Zudem unterrichten die Händler, falls von Funkanlagen eine Gefahr ausgeht, hiervon sofort die zuständigen nationalen Behörden der Mitgliedstaaten, in denen sie die Funkanlage auf dem Markt bereitgestellt haben, und machen dabei genaue Angaben insbesondere über die fehlende Konformität und die getroffenen Korrekturmaßnahmen.

(5)   Die Händler stellen der zuständigen nationalen Behörde auf deren begründetes Verlangen alle Informationen und Unterlagen, die für den Nachweis der Konformität eines elektrischen Betriebsmittels erforderlich sind, in Papierform oder auf elektronischem Wege zur Verfügung. Sie kooperieren mit dieser Behörde auf deren Verlangen bei allen Maßnahmen zur Abwendung von Gefahren durch von ihnen auf dem Markt bereitgestellte Funkanlagen.

Artikel 14

Fälle, in denen die Pflichten des Herstellers auch für Einführer und Händler gelten

Ein Einführer oder Händler gilt als Hersteller in Sinne dieser Richtlinie und unterliegt den Pflichten eines Herstellers nach Artikel 10, wenn er eine Funkanlage unter seinem eigenen Namen oder seiner eigenen Handelsmarke in Verkehr bringt oder eine bereits in Verkehr befindliche Funkanlage so verändert, dass die Konformität mit dieser Richtlinie beeinträchtigt werden kann.

Artikel 15

Identifizierung der Wirtschaftsakteure

Die Wirtschaftsakteure notifizieren den Marktüberwachungsbehörden auf Verlangen alle Wirtschaftsakteure,

a) von denen sie eine Funkanlage bezogen haben,

b) an die sie eine Funkanlage abgegeben haben.

Die Wirtschaftsakteure müssen die Informationen nach Absatz 1 über einen Zeitraum von zehn Jahren nach dem Bezug bzw. zehn Jahren nach der Abgabe der Funkanlage vorlegen können.

KAPITEL III

KONFORMITÄT VON FUNKANLAGEN

Artikel 16

Vermutung der Konformität von Funkanlagen

Funkanlagen, die mit harmonisierten Normen oder Teilen davon, deren Fundstellen im *Amtsblatt der Europäischen Union* veröffentlicht wurden, übereinstimmen, wird eine Konformität mit den grundlegenden Anforderungen gemäß Artikel 3 vermutet, die von diesen Normen oder Teilen davon abgedeckt werden.

Artikel 17

Konformitätsbewertungsverfahren

(1)   Die Hersteller führen eine Konformitätsbewertung der Funkanlage durch, um festzustellen, ob die grundlegenden Anforderungen gemäß Artikel 3 erfüllt sind. Bei der Konformitätsbewertung werden alle bestimmungsgemäßen Betriebsbedingungen berücksichtigt, und in Bezug auf die grundlegende Anforderung gemäß Artikel 3 Absatz 1 Buchstabe a werden außerdem die nach vernünftigem Ermessen vorhersehbaren Nutzungsbedingungen berücksichtigt. Kann eine Funkanlage in unterschiedlichen Konfigurationen betrieben werden, so ist bei der Konformitätsbewertung zu prüfen, ob die Funkanlage die grundlegenden Anforderungen gemäß Artikel 3 in allen möglichen Konfigurationen erfüllt.

(2)   Die Hersteller weisen die Konformität von Funkanlagen mit den in Artikel 3 Absatz 1 aufgeführten grundlegenden Anforderungen mit einem der folgenden Konformitätsbewertungsverfahren nach:

a) interne Fertigungskontrolle gemäß Anhang II,

b) EU-Baumusterprüfung und anschließend Prüfung der Konformität mit dem Baumuster auf der Grundlage einer internen Fertigungskontrolle gemäß Anhang III,

c) Übereinstimmung aufgrund einer umfassenden Qualitätssicherung gemäß Anhang IV.

(3) Hat der Hersteller bei der Bewertung der Konformität von Funkanlagen mit den grundlegenden Anforderungen in Artikel 3 Absätze 2 und 3 harmonisierte Normen angewandt, deren Fundstellen im *Amtsblatt der Europäischen Union* veröffentlicht wurden, so wendet er eines der folgenden Verfahren an:

a) interne Fertigungskontrolle gemäß Anhang II,

b) EU-Baumusterprüfung und anschließend Prüfung der Konformität mit dem Baumuster auf der Grundlage einer internen Fertigungskontrolle gemäß Anhang III,

c) Übereinstimmung aufgrund einer umfassenden Qualitätssicherung gemäß Anhang IV.

(4) Hat der Hersteller bei der Bewertung der Konformität von Funkanlagen mit den grundlegenden Anforderungen in Artikel 3 Absätze 2 und 3 harmonisierte Normen, deren Fundstellen im *Amtsblatt der Europäischen Union* veröffentlicht wurden, nicht oder nur zum Teil angewandt oder sind solche harmonisierten Normen nicht vorhanden, so sind die Funkanlagen im Hinblick auf die grundlegenden Anforderungen einem der folgenden Verfahren zu unterziehen:

a) EU-Baumusterprüfung und anschließend Prüfung der Konformität mit dem Baumuster auf der Grundlage einer internen Fertigungskontrolle gemäß Anhang III,

b) Übereinstimmung aufgrund einer umfassenden Qualitätssicherung gemäß Anhang IV.

Artikel 18

EU-Konformitätserklärung

(1) Die EU-Konformitätserklärung besagt, dass die Erfüllung der in Artikel 3 aufgeführten grundlegenden Anforderungen nachgewiesen wurde.

(2) Die EU-Konformitätserklärung entspricht in ihrem Aufbau dem Muster in Anhang VI, enthält die in diesem Anhang aufgeführten Elemente und wird stets auf dem aktuellen Stand gehalten. Sie wird in die Amtssprache bzw. Amtssprachen übersetzt, die der Mitgliedstaat vorschreibt, in dem die Funkanlage in Verkehr gebracht wird oder auf dem Markt bereitgestellt wird.

Die vereinfachte EU-Konformitätserklärung gemäß Artikel 10 Absatz 9 enthält die in Anhang VII aufgeführten Elemente und wird stets auf dem aktuellen Stand gehalten. Sie wird in die Amtssprache bzw. Amtssprachen übersetzt, die der Mitgliedstaat vorschreibt, in dem die Funkanlage in Verkehr gebracht oder auf dem Markt bereitgestellt wird. Der über eine in der vereinfachten EU-Konformitätserklärung angegebenen Internetadresse erhältliche vollständige Text der EU-Konformitätserklärung steht in der Amtssprache oder den Amtssprachen zur Verfügung, die der Mitgliedstaat vorschreibt, in dem die Funkanlage in Verkehr gebracht oder auf dem Markt bereitgestellt wird.

(3) Unterliegt eine Funkanlage mehreren Rechtsakten der Union, die eine EU-Konformitätserklärung vorschreiben, wird für alle Rechtsakte der Union eine einzige EU-Konformitätserklärung ausgestellt. In dieser Erklärung sind die betroffenen Rechtsvorschriften der Union samt ihrer Fundstelle im Amtsblatt anzugeben.

(4) Mit der Ausstellung der EU-Konformitätserklärung übernimmt der Hersteller die Verantwortung für die Konformität der Funkanlage mit den Anforderungen gemäß dieser Richtlinie.

Artikel 19

Allgemeine Grundsätze der CE-Kennzeichnung

(1) Für die CE-Kennzeichnung gelten die allgemeinen Grundsätze gemäß Artikel 30 der Verordnung (EG) Nr. 765/2008.

(2) Aufgrund der Art der Funkanlage kann die Höhe des daran angebrachten CE-Kennzeichens unter der Bedingung, dass es weiterhin sichtbar und lesbar ist, unter 5 mm betragen.

Artikel 20

Vorschriften und Bedingungen für die Anbringung der CE-Kennzeichnung und der Kennnummer der notifizierten Stelle

(1) Die CE-Kennzeichnung wird gut sichtbar, leserlich und dauerhaft auf der Funkanlage oder ihrer Datenplakette angebracht, es sei denn, dies ist aufgrund der Art der Funkanlage nicht möglich oder nicht gerechtfertigt. Die CE-Kennzeichnung wird außerdem sichtbar und lesbar an der Verpackung angebracht.

(2) Die CE-Kennzeichnung ist anzubringen, bevor die Funkanlage in Verkehr gebracht wird.

(3) Auf das CE-Kennzeichen folgt die Kennnummer der notifizierten Stelle, wenn das Konformitätsbewertungsverfahren gemäß Anhang IV angewandt wird.

Die Kennnummer der notifizierten Stelle muss dieselbe Höhe haben wie die CE-Kennzeichnung.

Die Kennnummer der notifizierten Stelle ist entweder von der notifizierten Stelle selbst oder nach ihren Anweisungen durch den Hersteller oder seinen Bevollmächtigten anzubringen.

(4) Die Mitgliedstaaten bauen auf bestehenden Mechanismen auf, um eine ordnungsgemäße Durchführung des Systems der CE-Kennzeichnung sicherzustellen, und leiten im Fall einer missbräuchlichen Verwendung dieser Kennzeichnung angemessene Maßnahmen ein.

Artikel 21

Technische Unterlagen

(1) Die technischen Unterlagen enthalten alle einschlägigen Daten oder Angaben darüber, wie der Hersteller sicherstellt, dass die Funkanlage die in Artikel 3 aufgeführten grundlegenden Anforderungen erfüllt. Sie enthalten zumindest die in Anhang V dargelegten Elemente.

(2) Die technischen Unterlagen werden vor dem Inverkehrbringen der Funkanlage erstellt und stets auf dem aktuellen Stand gehalten.

(3) Die technischen Unterlagen und die Korrespondenz im Zusammenhang mit EU-Baumusterprüfverfahren sind in einer Amtssprache des Mitgliedstaats, in dem die notifizierte Stelle ansässig ist, oder in einer von dieser Stelle zugelassenen Sprache abzufassen.

(4) Erfüllen die technischen Unterlagen die Anforderungen der Absätze 1, 2 und 3 nicht, sodass die vorgelegten einschlägigen Daten oder die Mittel zur Sicherstellung der Konformität von Funkanlagen mit den grundlegenden Anforderungen in Artikel 3 nicht ausreichend sind, kann die Marktüberwachungsbehörde den Hersteller oder den Einführer auffordern, dass er innerhalb einer bestimmten Frist die Konformität mit den grundlegenden Anforderungen in Artikel 3 durch eine von der Marktüberwachungsbehörde zugelassenen Stelle auf eigene Kosten überprüfen lässt.

KAPITEL IV

NOTIFIZIERUNG VON KONFORMITÄTSBEWERTUNGSSTELLEN

Artikel 22

Notifizierung

Die Mitgliedstaaten notifizieren der Kommission und den übrigen Mitgliedstaaten die Stellen, die befugt sind, als unabhängige Dritte Konformitätsbewertungsaufgaben gemäß dieser Richtlinie wahrzunehmen.

Artikel 23

Notifizierende Behörden

(1)   Die Mitgliedstaaten notifizieren eine notifizierende Behörde, die für die Einrichtung und Durchführung der erforderlichen Verfahren für die Bewertung und Notifizierung von Konformitätsbewertungsstellen und für die Überwachung der notifizierten Stellen einschließlich der Einhaltung von Artikel 28 zuständig ist.

(2)   Die Mitgliedstaaten können entscheiden, dass die Bewertung und Überwachung nach Absatz 1 von einer nationalen Akkreditierungsstelle im Sinne von und im Einklang mit der Verordnung (EG) Nr. 765/2008 ausgeführt wird.

(3)   Falls die notifizierende Behörde die in Absatz 1 genannte Bewertung, Notifizierung oder Überwachung an eine nicht hoheitliche Stelle delegiert oder ihr auf andere Weise überträgt, so muss diese Stelle eine juristische Person sein und den Anforderungen des Artikels 24 entsprechend genügen. Außerdem muss diese Stelle Vorsorge zur Deckung von aus ihrer Tätigkeit entstehenden Haftungsansprüchen treffen.

(4)   Die notifizierende Behörde trägt die volle Verantwortung für die von der in Absatz 3 genannten Stelle durchgeführten Tätigkeiten.

Artikel 24

Anforderungen an notifizierende Behörden

(1)   Eine notifizierende Behörde wird so eingerichtet, dass es zu keinerlei Interessenkonflikt mit den Konformitätsbewertungsstellen kommt.

(2)   Eine notifizierende Behörde gewährleistet durch ihre Organisation und Arbeitsweise, dass bei der Ausübung ihrer Tätigkeit Objektivität und Unparteilichkeit gewahrt sind.

(3)   Eine notifizierende Behörde wird so strukturiert, dass jede Entscheidung über die Notifizierung einer Konformitätsbewertungsstelle von kompetenten Personen getroffen wird, die nicht mit den Personen identisch sind, die die Bewertung durchgeführt haben.

(4)   Eine notifizierende Behörde darf weder Tätigkeiten, die Konformitätsbewertungsstellen durchführen, noch Beratungsleistungen auf einer gewerblichen oder wettbewerblichen Basis anbieten oder erbringen.

(5)   Eine notifizierende Behörde gewährleistet die Vertraulichkeit der von ihr erlangten Informationen.

(6)   Einer notifizierende Behörde stehen kompetente Mitarbeiter in ausreichender Zahl zur Verfügung, sodass sie ihre Aufgaben ordnungsgemäß wahrnehmen kann.

Artikel 25

Informationspflichten der notifizierenden Behörden

Jeder Mitgliedstaat unterrichtet die Kommission über seine Verfahren zur Bewertung und Notifizierung von Konformitätsbewertungsstellen und zur Überwachung notifizierter Stellen sowie über diesbezügliche Änderungen.

Die Kommission macht diese Informationen der Öffentlichkeit zugänglich.

Artikel 26

Anforderungen an notifizierte Stellen

(1)   Eine Konformitätsbewertungsstelle erfüllt für die Zwecke der Notifizierung die Anforderungen der Absätze 2 bis 11.

(2)   Eine Konformitätsbewertungsstelle ist nach dem nationalen Recht eines Mitgliedstaats gegründet und ist mit Rechtspersönlichkeit ausgestattet.

(3)　Bei einer Konformitätsbewertungsstelle muss es sich um einen unabhängigen Dritten handeln, der mit der Einrichtung oder der Funkanlage, die er bewertet, in keinerlei Verbindung steht.

Eine Stelle, die einem Wirtschaftsverband oder einem Fachverband angehört und die Funkanlagen bewertet, an deren Entwurf, Herstellung, Bereitstellung, Montage, Verwendung oder Wartung Unternehmen beteiligt sind, die von diesem Verband vertreten werden, kann als solche Stelle gelten, falls ihre Unabhängigkeit sowie das Fehlen jedweder Interessenskonflikte nachgewiesen sind.

(4)　Eine Konformitätsbewertungsstelle, ihre oberste Leitungsebene und die für die Ausführung der Konformitätsbewertungsaufgaben zuständigen Mitarbeiter dürfen nicht Konstrukteur, Hersteller, Lieferant, Installateur, Käufer, Eigentümer, Verwender oder Wartungsbetrieb der zu bewertenden Funkanlagen oder Vertreter einer dieser Parteien sein. Dies schließt nicht die Verwendung von bereits einer Konformitätsbewertung unterzogenen Funkanlagen, die für die Tätigkeit der Konformitätsbewertungsstelle nötig sind, oder die Verwendung solcher Funkanlagen zum persönlichen Gebrauch aus.

Eine Konformitätsbewertungsstelle, ihre oberste Leitungsebene und die für die Ausführung der Konformitätsbewertungsaufgaben zuständigen Mitarbeiter dürfen weder direkt an Entwurf, Herstellung bzw. Bau, Vermarktung, Installation, Verwendung oder Wartung der betreffenden Funkanlage beteiligt sein noch die an diesen Tätigkeiten beteiligten Parteien vertreten. Sie dürfen sich nicht mit Tätigkeiten befassen, die ihre Unabhängigkeit bei der Beurteilung oder ihre Integrität im Zusammenhang mit den Konformitätsbewertungsmaßnahmen, für die sie notifiziert sind, beeinträchtigen könnten. Dies gilt besonders für Beratungsdienstleistungen.

Die Konformitätsbewertungsstellen gewährleisten, dass Tätigkeiten ihrer Zweigstellen oder Unterauftragnehmer die Vertraulichkeit, Objektivität oder Unparteilichkeit ihrer Konformitätsbewertungstätigkeiten nicht beeinträchtigen.

(5)　Die Konformitätsbewertungsstellen und ihre Mitarbeiter führen die Konformitätsbewertungstätigkeiten mit der größtmöglichen Professionalität und der erforderlichen fachlichen Kompetenz in dem betreffenden Bereich durch; sie dürfen keinerlei Einflussnahme, insbesondere finanzieller Art, ausgesetzt sein, die sich auf ihre Beurteilung oder die Ergebnisse ihrer Konformitätsbewertungsarbeit auswirken könnte; dies gilt speziell für Einflussnahmen durch Personen oder Personengruppen, die ein Interesse am Ergebnis dieser Tätigkeiten haben.

(6)　Eine Konformitätsbewertungsstelle ist in der Lage, alle Konformitätsbewertungsaufgaben zu bewältigen, die ihr nach Maßgabe der Anhänge III und IV zufallen und für die sie notifiziert wurde, unabhängig davon, ob diese Aufgaben von der Stelle selbst, in ihrem Auftrag oder unter ihrer Verantwortung erfüllt werden.

Eine Konformitätsbewertungsstelle verfügt jederzeit, für jedes Konformitätsbewertungsverfahren und für jede Art und Kategorie von Funkanlagen, für die sie notifiziert wurde, über:

a) das erforderliche Personal mit Fachkenntnis und ausreichender einschlägiger Erfahrung, um die bei der Konformitätsbewertung anfallenden Aufgaben auszuführen;

b) Beschreibungen von Verfahren, nach denen die Konformitätsbewertung durchgeführt wird, um die Transparenz und die Wiederholbarkeit dieser Verfahren sicherzustellen. Sie verfügt über eine angemessene Politik und geeignete Verfahren, bei denen zwischen den Aufgaben, die sie als notifizierte Stelle wahrnimmt, und anderen Tätigkeiten unterschieden wird;

c) Verfahren zur Durchführung der Tätigkeiten, bei denen die Größe eines Unternehmens, der Sektor, in dem es tätig ist, seine Struktur, der Grad an Komplexität der jeweiligen Funkanlagentechnologie und der Umstand, dass es sich bei dem Produktionsprozess um Massenfertigung oder Serienproduktion handelt, gebührend berücksichtigt werden.

Einer Konformitätsbewertungsstelle stehen die erforderlichen Mittel zur angemessenen Erledigung der technischen und administrativen Aufgaben zur Verfügung, die mit der Konformitätsbewertung verbunden sind.

(7) Das Personal, das für die Ausführung der Konformitätsbewertungsaufgaben zuständig ist, verfügt über:

a) eine solide Fach- und Berufsausbildung, die alle Tätigkeiten für die Konformitätsbewertung in dem Bereich umfasst, für den die Konformitätsbewertungsstelle notifiziert wurde;

b) eine ausreichende Kenntnis der Anforderungen, die mit den durchzuführenden Bewertungen verbunden sind, und die entsprechende Befugnis, solche Bewertungen durchzuführen;

c) angemessene Kenntnisse und angemessenes Verständnis der grundlegenden Anforderungen gemäß Artikel 3, der geltenden harmonisierten Normen und der einschlägigen Bestimmungen der Harmonisierungsrechtsvorschriften der Union sowie der nationalen Rechtsvorschriften;

d) die Fähigkeit zur Erstellung von EU-Baumusterprüfbescheinigungen oder Zulassungen von Qualitätssicherungssystemen, Protokollen und Berichten als Nachweis für durchgeführte Bewertungen.

(8) Die Unparteilichkeit der Konformitätsbewertungsstellen, ihrer obersten Leitungsebenen und des für die Ausführung der Konformitätsbewertungsaufgaben zuständigen Personals wird garantiert.

Die Entlohnung der obersten Leitungsebene und des für die Ausführung der Konformitätsbewertungsaufgaben zuständigen Personals darf sich nicht nach der Anzahl der durchgeführten Bewertungen oder deren Ergebnissen richten.

(9) Die Konformitätsbewertungsstellen schließen eine Haftpflichtversicherung ab, sofern die Haftpflicht nicht aufgrund der nationalen Rechtsvorschriften vom Staat übernommen wird oder der Mitgliedstaat selbst unmittelbar für die Konformitätsbewertung verantwortlich ist.

(10) Informationen, die das Personal einer Konformitätsbewertungsstelle bei der Ausführung seiner Aufgaben gemäß den Anhängen III und IV oder einer der einschlägigen nationalen Durchführungsvorschriften erhält, fallen unter die berufliche Schweigepflicht, die jedoch nicht gegenüber den zuständigen Behörden des Mitgliedstaats gilt, in dem es seine Tätigkeiten ausübt. Eigentumsrechte werden geschützt.

(11) Die Konformitätsbewertungsstellen wirken an den einschlägigen Normungsaktivitäten, den Regelungstätigkeiten auf dem Gebiet der Funkanlagen und der Frequenzplanung und den Aktivitäten der Koordinierungsgruppe notifizierter Stellen mit, die im Rahmen der jeweiligen Harmonisierungsrechtsvorschriften der Union geschaffen wurde, bzw. sorgen dafür, dass ihr für die Ausführung von Konformitätsbewertungsaufgaben zuständiges Personal darüber informiert wird, und wenden die von dieser Gruppe ausgearbeiteten Verwaltungsentscheidungen und Dokumente als allgemeine Leitlinie an.

Artikel 27

Vermutung der Konformität von notifizierten Stellen

Weist eine Konformitätsbewertungsstelle nach, dass sie die Kriterien der einschlägigen harmonisierten Normen, deren Fundstellen im *Amtsblatt der Europäischen Union* veröffentlicht wurden, oder von Teilen davon erfüllt, wird davon ausgegangen, dass sie die Anforderungen nach Artikel 26, soweit diese von den geltenden Normen abgedeckt werden, erfüllt.

Artikel 28

Zweigstellen von notifizierten Stellen und Vergabe von Unteraufträgen durch notifizierte Stellen

(1) Vergibt die notifizierte Stelle bestimmte mit der Konformitätsbewertung verbundene Aufgaben an Unterauftragnehmer oder überträgt sie diese einer Zweigstelle, stellt sie sicher, dass der Unterauftragnehmer oder die Zweigstelle die Anforderungen von Artikel 26 erfüllt, und unterrichtet die notifizierende Behörde entsprechend.

(2) Die notifizierten Stellen tragen die volle Verantwortung für die Arbeiten, die von Unterauftragnehmern oder Zweigstellen ausgeführt werden, unabhängig davon, wo diese niedergelassen sind.

(3) Arbeiten dürfen nur mit Zustimmung des Kunden an einen Unterauftragnehmer vergeben oder eine Zweigstelle übertragen werden.

(4) Die notifizierten Stellen halten die einschlägigen Unterlagen über die Begutachtung der Qualifikation des Unterauftragnehmers oder der Zweigstelle und die von ihm/ihr gemäß den Anhängen III und IV ausgeführten Arbeiten für die notifizierende Behörde bereit.

Artikel 29

Anträge auf Notifizierung

(1) Eine Konformitätsbewertungsstelle beantragt ihre Notifizierung bei der notifizierenden Behörde des Mitgliedstaats, in dem sie ansässig ist.

(2) Dem Antrag auf Notifizierung legt sie eine Beschreibung der Konformitätsbewertungstätigkeiten, des Konformitätsbewertungsmoduls oder der Konformitätsbewertungsmodule und der Funkanlage, für die diese Stelle Kompetenz beansprucht, sowie — falls vorhanden — eine Akkreditierungsurkunde bei, die von einer nationalen Akkreditierungsstelle ausgestellt wurde und in der diese bescheinigt, dass die Konformitätsbewertungsstelle die Anforderungen von Artikel 26 erfüllt.

(3) Kann die Konformitätsbewertungsstelle keine Akkreditierungsurkunde vorweisen, legt sie der notifizierenden Behörde als Nachweis alle Unterlagen vor, die erforderlich sind, um zu überprüfen, festzustellen und regelmäßig zu überwachen, ob sie die Anforderungen von Artikel 26 erfüllt.

Artikel 30

Notifizierungsverfahren

(1) Die notifizierenden Behörden dürfen nur Konformitätsbewertungsstellen notifizieren, die den Anforderungen von Artikel 26 genügen.

(2) Sie unterrichten die Kommission und die übrigen Mitgliedstaaten mit Hilfe des elektronischen Notifizierungsinstruments, das von der Kommission entwickelt und verwaltet wird.

(3) Eine Notifizierung enthält vollständige Angaben zu den Konformitätsbewertungstätigkeiten, dem betreffenden Konformitätsbewertungsmodul oder den betreffenden Konformitätsbewertungsmodulen und der betreffenden Funkanlage sowie die einschlägige Bestätigung der Kompetenz.

(4) Beruht eine Notifizierung nicht auf einer Akkreditierungsurkunde gemäß Artikel 29 Absatz 2, legt die notifizierende Behörde der Kommission und den übrigen Mitgliedstaaten die Unterlagen, mit denen die Kompetenz der Konformitätsbewertungsstelle nachgewiesen wird, sowie die Vereinbarungen vor, die getroffen wurden, um sicherzustellen, dass die Stelle regelmäßig überwacht wird und stets den Anforderungen nach Artikel 26 genügt.

(5) Die betreffende Stelle darf die Aufgaben einer notifizierten Stelle nur dann wahrnehmen, wenn weder die Kommission noch die übrigen Mitgliedstaaten innerhalb von zwei Wochen nach einer Notifizierung, wenn eine Akkreditierungsurkunde vorliegt, oder innerhalb von zwei Monaten nach einer Notifizierung, wenn keine Akkreditierung vorliegt, Einwände erhoben haben.

Nur eine solche Stelle gilt für die Zwecke dieser Richtlinie als notifizierte Stelle.

(6) Die notifizierende Behörde meldet der Kommission und den übrigen Mitgliedstaaten jede später eintretende Änderung der Notifizierung.

Artikel 31

Kennnummern und Verzeichnis notifizierter Stellen

(1)   Die Kommission weist einer notifizierten Stelle eine Kennnummer zu.

Selbst wenn eine Stelle für mehrere Rechtsvorschriften der Union notifiziert ist, erhält sie nur eine einzige Kennnummer.

(2)   Die Kommission veröffentlicht das Verzeichnis der nach dieser Richtlinie notifizierten Stellen samt den ihnen zugewiesenen Kennnummern und den Tätigkeiten, für die sie notifiziert wurden.

Die Kommission trägt dafür Sorge, dass das Verzeichnis stets auf dem neuesten Stand gehalten wird.

Artikel 32

Änderungen der Notifizierungen

(1)   Falls eine notifizierende Behörde feststellt oder darüber unterrichtet wird, dass eine notifizierte Stelle die Anforderungen nach Artikel 26 nicht mehr erfüllt oder dass sie ihren Verpflichtungen nicht nachkommt, so schränkt sie die Notifizierung gegebenenfalls ein, setzt sie aus oder widerruft sie, wobei sie das Ausmaß berücksichtigt, in dem diesen Anforderungen nicht genügt oder diesen Verpflichtungen nicht nachgekommen wurde. Sie unterrichtet die Kommission und die übrigen Mitgliedstaaten unverzüglich darüber.

(2)   Bei Einschränkung, Aussetzung oder Widerruf der Notifizierung oder bei Einstellung der Tätigkeit der notifizierten Stelle ergreift der notifizierende Mitgliedstaat geeignete Maßnahmen, damit die Akten dieser Stelle von einer anderen notifizierten Stelle weiterbearbeitet bzw. für die zuständigen notifizierenden Behörden und Marktüberwachungsbehörden auf deren Verlangen bereitgehalten werden.

Artikel 33

Anfechtung der Kompetenz von notifizierten Stellen

(1)   Die Kommission untersucht alle Fälle, in denen sie die Kompetenz einer notifizierten Stelle oder die dauerhafte Erfüllung der entsprechenden Anforderungen und Pflichten durch eine notifizierte Stelle anzweifelt oder ihr Zweifel daran zur Kenntnis gebracht werden.

(2)   Der notifizierende Mitgliedstaat erteilt der Kommission auf Verlangen sämtliche Auskünfte über die Grundlage für die Notifizierung oder die Erhaltung der Kompetenz der betreffenden notifizierten Stelle.

(3)   Die Kommission stellt sicher, dass alle im Verlauf ihrer Untersuchungen erlangten sensiblen Informationen vertraulich behandelt werden.

(4)   Stellt die Kommission fest, dass eine notifizierte Stelle die Voraussetzungen für ihre Notifizierung nicht oder nicht mehr erfüllt, erlässt sie einen Durchführungsrechtsakt, in dem sie den notifizierenden Mitgliedstaat auffordert, die erforderlichen Korrekturmaßnahmen zu treffen, einschließlich eines Widerrufs der Notifizierung, sofern dies nötig ist.

Dieser Durchführungsrechtsakt wird gemäß dem in Artikel 45 Absatz 2 genannten Beratungsverfahren erlassen.

Artikel 34

Pflichten der notifizierten Stellen in Bezug auf ihre Tätigkeit

(1)   Die notifizierten Stellen führen die Konformitätsbewertung im Einklang mit den Konformitätsbewertungsverfahren gemäß den Anhängen III und IV durch.

(2)   Konformitätsbewertungen werden unter Wahrung der Verhältnismäßigkeit durchgeführt, wobei unnötige Belastungen der Wirtschaftsakteure vermieden werden. Die Konformitätsbewertungsstellen üben ihre Tätigkeiten unter gebührender Berücksichtigung der Größe eines Unternehmens, des Sektors, in dem es tätig ist, seiner Struktur, des Grades an Komplexität der betreffenden Funkanlagen und des Massenfertigungs- oder Seriencharakters des Fertigungsprozesses aus.

Hierbei gehen sie allerdings so streng vor und halten ein solches Schutzniveau ein, wie dies für die Konformität von Funkanlagen mit dieser Richtlinie erforderlich ist.

(3)   Stellt eine notifizierte Stelle fest, dass ein Hersteller die grundlegenden Anforderungen in Artikel 3 bzw. entsprechende harmonisierte Normen oder technische Spezifikationen nicht erfüllt hat, fordert sie den Hersteller auf, angemessene Korrekturmaßnahmen zu ergreifen, und stellt keine EU-Baumusterprüfbescheinigung oder Zulassung eines Qualitätssicherungssystems aus.

(4)   Hat eine notifizierte Stelle bereits eine EU-Baumusterprüfbescheinigung oder Zulassung eines Qualitätssicherungssystems ausgestellt und stellt im Rahmen der Überwachung der Konformität fest, dass die Funkanlage die grundlegenden Anforderungen nicht mehr erfüllt, fordert sie den Hersteller auf, angemessene Korrekturmaßnahmen zu ergreifen, und setzt die EU-Baumusterprüfbescheinigung oder Zulassung eines Qualitätssicherungssystems falls nötig aus oder zieht sie zurück.

(5)   Werden keine Korrekturmaßnahmen ergriffen oder zeigen sie nicht die nötige Wirkung, schränkt die notifizierte Stelle alle betreffenden EG-Baumusterprüfbescheinigungen oder Zulassungen eines Qualitätssicherungssystems ein, setzt sie aus oder zieht sie zurück.

Artikel 35

Einspruch gegen Entscheidungen notifizierter Stellen

Die Mitgliedstaaten stellen sicher, dass ein Einspruchsverfahren gegen die Entscheidungen notifizierter Stellen vorgesehen ist.

Artikel 36

Informationspflicht der notifizierten Stellen

(1)   Die notifizierten Stellen melden der notifizierenden Behörde

a) im Einklang mit den Anforderungen der Anhänge III und IV jede Verweigerung, Einschränkung, Aussetzung oder Rücknahme einer EU-Baumusterprüfbescheinigung oder Zulassung eines Qualitätssicherungssystems,

b) alle Umstände, die Folgen für den Geltungsbereich oder die Bedingungen der Notifizierung haben,

c) jedes Auskunftsersuchen über Konformitätsbewertungstätigkeiten, das sie von den Marktüberwachungsbehörden erhalten haben,

d) auf Verlangen, welchen Konformitätsbewertungstätigkeiten sie im Geltungsbereich ihrer Notifizierung nachgegangen sind und welche anderen Tätigkeiten, einschließlich grenzüberschreitender Tätigkeiten und Vergabe von Unteraufträgen, sie ausgeführt haben.

(2)   Die notifizierten Stellen übermitteln den übrigen Stellen, die nach dieser Richtlinie notifiziert sind und ähnlichen Konformitätsbewertungstätigkeiten für dieselben Produkte nachgehen, im Einklang mit den Anforderungen der Anhänge III und IV einschlägige Informationen über die negativen und auf Verlangen auch über die positiven Ergebnisse von Konformitätsbewertungen.

(3)   Die notifizierten Stellen unterliegen den Informationspflichten gemäß den Anhängen III und IV.

Artikel 37

Erfahrungsaustausch

Die Kommission organisiert den Erfahrungsaustausch zwischen den für die Notifizierungspolitik zuständigen nationalen Behörden der Mitgliedstaaten.

Artikel 38

Koordinierung der notifizierten Stellen

Die Kommission sorgt dafür, dass eine zweckmäßige Koordinierung und Kooperation zwischen den im Rahmen dieser Richtlinie notifizierten Stellen in Form einer sektoralen Gruppe notifizierter Stellen eingerichtet und ordnungsgemäß weitergeführt wird.

Die Mitgliedstaaten stellen sicher, dass sich die von ihnen notifizierten Stellen an der Arbeit dieser Gruppe direkt oder über benannte Bevollmächtigte beteiligen.

KAPITEL V

ÜBERWACHUNG DES UNIONSMARKTES, KONTROLLE DER AUF DEN UNIONSMARKT EINGEFÜHRTEN FUNKANLAGEN UND SCHUTZKLAUSELVERFAHREN DER UNION

Artikel 39

Überwachung des Unionsmarktes und Kontrolle der auf den Unionsmarkt eingeführten Funkanlagen

Artikel 15 Absatz 3 sowie die Artikel 16 bis 29 der Verordnung (EG) Nr. 765/2008 gelten für Funkanlagen.

Artikel 40

Verfahren für die Behandlung von Funkanlagen, von denen eine Gefahr ausgeht, auf nationaler Ebene

(1)   Haben die Marktüberwachungsbehörden eines Mitgliedstaats hinreichend Grund zu der Annahme, dass eine von dieser Richtlinie erfasste Funkanlage die Gesundheit oder Sicherheit von Menschen oder andere im öffentlichen Interesse schützenswerte Aspekte gefährdet, die unter diese Richtlinie fallen, nehmen sie eine Bewertung der betreffenden Funkanlage nach allen in dieser Richtlinie festgelegten einschlägigen Anforderungen vor. Die betreffenden Wirtschaftsakteure arbeiten zu diesem Zweck im erforderlichen Umfang mit den Marktüberwachungsbehörden zusammen.

Gelangen die Marktüberwachungsbehörden im Verlauf der Beurteilung nach Unterabsatz 1 zu dem Ergebnis, dass die Funkanlage die Anforderungen dieser Richtlinie nicht erfüllt, so fordern sie unverzüglich den betreffenden Wirtschaftsakteur auf, innerhalb einer von der Behörde vorgeschriebenen, der Art der Gefahr angemessen vertretbaren Frist alle geeigneten Korrekturmaßnahmen zu ergreifen, um die Übereinstimmung der Funkanlage mit diesen Anforderungen herzustellen oder die Funkanlage gegebenenfalls zurückzunehmen oder zurückzurufen.

Die Marktüberwachungsbehörden unterrichten die entsprechende notifizierte Stelle.

Artikel 21 der Verordnung (EG) Nr. 765/2008 gilt für die in Unterabsatz 2 genannten Maßnahmen.

(2)   Gelangen die Marktüberwachungsbehörden zu der Auffassung, dass sich die fehlende Konformität nicht auf das Hoheitsgebiet des Mitgliedstaats beschränkt, unterrichten sie die Kommission und die übrigen Mitgliedstaaten über die Ergebnisse der Beurteilung und die Maßnahmen, zu denen sie den Wirtschaftsakteur aufgefordert haben.

(3)   Der Wirtschaftsakteur stellt sicher, dass sich alle geeigneten Korrekturmaßnahmen, die er ergreift, auf sämtliche Funkanlagen erstrecken, die er in der Union auf dem Markt bereitgestellt hat.

(4) Ergreift der betreffende Wirtschaftsakteur innerhalb der in Absatz 1 Unterabsatz 2 genannten Frist keine angemessenen Korrekturmaßnahmen, so treffen die Marktüberwachungsbehörden alle geeigneten vorläufigen Maßnahmen, um die Bereitstellung der Funkanlage auf ihrem nationalen Markt zu untersagen oder einzuschränken oder sie vom Markt zu nehmen oder zurückzurufen.

Die Marktüberwachungsbehörden unterrichten die Kommission und die übrigen Mitgliedstaaten unverzüglich über diese Maßnahmen.

(5) Aus den in Absatz 4 Unterabsatz 2 genannten Informationen gehen alle verfügbaren Angaben hervor, insbesondere die Daten für die Identifizierung der nicht konformen Funkanlage, die Herkunft der Funkanlage, die Art der mutmaßlich fehlenden Konformität und der Gefahr sowie die Art und Dauer der ergriffenen nationalen Maßnahmen und die Argumente des betreffenden Wirtschaftsakteurs. Die Marktüberwachungsbehörden geben insbesondere an, ob die fehlende Konformität auf eine der folgenden Ursachen zurückzuführen ist:

a) fehlende Erfüllung der in Artikel 3 festgelegten einschlägigen grundlegenden Anforderungen durch die Funkanlage oder

b) Mängel in den harmonisierten Normen, bei deren Einhaltung laut Artikel 16 eine Konformitätsvermutung gilt.

(6) Die Mitgliedstaaten außer jenem, der das Verfahren nach diesem Artikel eingeleitet hat, unterrichten die Kommission und die übrigen Mitgliedstaaten unverzüglich über alle erlassenen Maßnahmen und jede weitere ihnen vorliegende Information über die fehlende Konformität der Funkanlage sowie, falls sie der erlassenen nationalen Maßnahme nicht zustimmen, über ihre Einwände.

(7) Erhebt weder ein Mitgliedstaat noch die Kommission innerhalb von drei Monaten nach Erhalt der in Absatz 4 Unterabsatz 2 genannten Informationen Einwand gegen eine vorläufige Maßnahme eines Mitgliedstaats, so gilt diese Maßnahme als gerechtfertigt.

(8) Die Mitgliedstaaten stellen sicher, dass unverzüglich geeignete restriktive Maßnahmen hinsichtlich der betreffenden Funkanlage — wie etwa die Rücknahme der Funkanlage vom Markt — getroffen werden.

Artikel 41

Schutzklauselverfahren der Union

(1) Wurden nach Abschluss des Verfahrens gemäß Artikel 40 Absätze 3 und 4 Einwände gegen eine Maßnahme eines Mitgliedstaats erhoben oder ist die Kommission der Auffassung, dass diese nationale Maßnahme gegen das Unionsrecht verstößt, so konsultiert die Kommission unverzüglich die Mitgliedstaaten und den betreffenden Wirtschaftsakteur oder die betreffenden Wirtschaftsakteure und nimmt eine Beurteilung der nationalen Maßnahme vor. Anhand der Ergebnisse dieser Beurteilung erlässt die Kommission einen Durchführungsrechtsakt, in dem sie festlegt, ob die nationale Maßnahme gerechtfertigt ist.

Die Kommission richtet ihren Beschluss an alle Mitgliedstaaten und teilt ihn diesen und dem betreffenden Wirtschaftsakteur oder den betreffenden Wirtschaftsakteuren unverzüglich mit.

(2) Hält sie die nationale Maßnahme für gerechtfertigt, so ergreifen alle Mitgliedstaaten die erforderlichen Maßnahmen, um sicherzustellen, dass die nicht konforme Funkanlage von ihrem Markt genommen oder zurückgerufen wird, und unterrichten die Kommission darüber. Hält sie die nationale Maßnahme nicht für gerechtfertigt, muss der betreffende Mitgliedstaat sie rückgängig machen.

(3) Gilt die nationale Maßnahme als gerechtfertigt und wird die fehlende Konformität der Funkanlage auf Mängel der harmonisierten Normen gemäß Artikel 40 Absatz 5 Buchstabe b zurückgeführt, so leitet die Kommission das Verfahren nach Artikel 11 der Verordnung (EU) Nr. 1025/2012 ein.

Artikel 42

Gefährdung durch konforme Funkanlagen

(1)   Stellt ein Mitgliedstaat nach einer Beurteilung gemäß Artikel 40 Absatz 1 fest, dass eine Funkanlage eine Gefahr für die Gesundheit oder Sicherheit von Menschen oder für andere im öffentlichen Interesse schützenswerte Aspekte, die unter diese Richtlinie fallen, darstellt, obwohl sie die Anforderungen dieser Richtlinie erfüllt, so fordert er den betreffenden Wirtschaftsakteur auf, alle geeigneten Maßnahmen zu ergreifen, um dafür zu sorgen, dass die betreffende Funkanlage bei ihrem Inverkehrbringen diese Gefahr nicht mehr aufweist oder dass sie innerhalb einer der Art der Gefahr angemessenen, vertretbaren Frist, die er vorschreiben kann, vom Markt genommen oder zurückgerufen wird.

(2)   Der Wirtschaftsakteur gewährleistet, dass sich seine Korrekturmaßnahmen auf sämtliche betroffenen Funkanlagen erstrecken, die er in der Union auf dem Markt bereitgestellt hat.

(3)   Der Mitgliedstaat unterrichtet die Kommission und die anderen Mitgliedstaaten unverzüglich. Aus diesen Informationen gehen alle verfügbaren Angaben hervor, insbesondere die Daten für die Identifizierung der betreffenden Funkanlage, ihre Herkunft, ihre Lieferkette, die Art der Gefahr sowie die Art und Dauer der ergriffenen nationalen Maßnahmen.

(4)   Die Kommission konsultiert unverzüglich die Mitgliedstaaten und den betreffenden Wirtschaftsakteur bzw. die betreffenden Wirtschaftsakteure und nimmt eine Beurteilung der ergriffenen nationalen Maßnahmen vor. Anhand der Ergebnisse dieser Beurteilung entscheidet die Kommission im Wege von Durchführungsrechtsakten, ob die nationalen Maßnahmen gerechtfertigt sind, und schlägt, falls erforderlich, geeignete Maßnahmen vor.

Die in Unterabsatz 1 genannten Durchführungsrechtsakte werden gemäß dem in Artikel 45 Absatz genannten Prüfverfahren erlassen.

In hinreichend begründeten Fällen äußerster Dringlichkeit im Zusammenhang mit dem Schutz der Gesundheit und Sicherheit von Menschen erlässt die Kommission gemäß dem in Artikel 45 Absatz 4 genannten Verfahren sofort geltende Durchführungsrechtsakte.

(5)   Die Kommission richtet ihren Beschluss an alle Mitgliedstaaten und teilt ihn diesen und dem betreffenden Wirtschaftsakteur oder den betreffenden Wirtschaftsakteuren unverzüglich mit.

Artikel 43

Formal fehlende Konformität

(1)   Unbeschadet des Artikels 40 fordert ein Mitgliedstaat den betreffenden Wirtschaftsakteur auf, die betreffende fehlende Konformität zu beseitigen, falls er einen der folgenden Fälle feststellt:

a) Die CE-Kennzeichnung wurde unter Missachtung von Artikel 30 der Verordnung (EG) Nr. 765/2008 oder von Artikel 20 dieser Richtlinie angebracht.

b) Die CE-Kennzeichnung wurde nicht angebracht.

c) Die Kennnummer der notifizierten Stelle — falls das Konformitätsbewertungsverfahren nach Anhang IV angewendet wird — wurde unter Missachtung von Artikel 20 angebracht oder nicht angebracht.

d) Die EU-Konformitätserklärung wurde nicht ausgestellt.

e) Die EU-Konformitätserklärung wurde nicht korrekt ausgestellt.

f) Die technischen Unterlagen sind entweder nicht verfügbar oder unvollständig.

g) Die in Artikel 10 Absätze 6 oder 7 oder Artikel 12 Absatz 3 genannten Angaben fehlen, sind falsch oder unvollständig.

h) Der Funkanlage sind die Informationen zu ihrer bestimmungsgemäßen Verwendung, die EU-Konformitätserklärung oder die Verwendungsbeschränkungen gemäß Artikel 10 Absätze 8, 9 und 10 nicht beigefügt.

i) Die Anforderungen bezüglich der Identifizierung der Wirtschaftsakteure gemäß Artikel 15 werden nicht erfüllt.

j) Die Anforderungen von Artikel 5 werden nicht erfüllt.

(2)   Besteht die fehlende Konformität gemäß Absatz 1 weiter, so trifft der betroffene Mitgliedstaat alle geeigneten Maßnahmen, um die Bereitstellung der betreffenden Funkanlage auf dem Markt zu beschränken oder zu untersagen oder um dafür zu sorgen, dass sie vom Markt genommen oder zurückgerufen wird.

KAPITEL VI

DELEGIERTE RECHTSAKTE, DURCHFÜHRUNGSRECHTSAKTE UND DER AUSSCHUSS

Artikel 44

Ausübung der Befugnisübertragung

(1)   Die Befugnis zum Erlass delegierter Rechtsakte wird der Kommission unter den in diesem Artikel festgelegten Bedingungen übertragen.

(2)   Die Befugnis zum Erlass delegierter Rechtsakte gemäß Artikel 3 Absatz 3 Unterabsatz 2, Artikel 4 Absatz 2 und Artikel 5 Absatz 2 wird der Kommission für einen Zeitraum von fünf Jahren ab dem 11. Juni 2014 übertragen. Die Kommission erstellt spätestens neun Monate vor Ablauf des Zeitraums von fünf Jahren einen Bericht über die Befugnisübertragung. Die Befugnisübertragung verlängert sich stillschweigend um Zeiträume gleicher Länge, es sei denn, das Europäische Parlament oder der Rat widersprechen einer solchen Verlängerung spätestens drei Monate vor Ablauf des jeweiligen Zeitraums.

(3)   Die Befugnisübertragung gemäß Artikel 3 Absatz 3 Unterabsatz 2, Artikel 4 Absatz 2 und Artikel 5 Absatz 2 kann vom Europäischen Parlament oder vom Rat jederzeit widerrufen werden. Der Beschluss über den Widerruf beendet die Übertragung der in diesem Beschluss angegebenen Befugnis. Er wird am Tag nach seiner Veröffentlichung im *Amtsblatt der Europäischen Union* oder zu einem im Beschluss über den Widerruf angegebenen späteren Zeitpunkt wirksam. Die Gültigkeit von delegierten Rechtsakten, die bereits in Kraft sind, wird von dem Beschluss über den Widerruf nicht berührt.

(4)   Sobald die Kommission einen delegierten Rechtsakt erlässt, übermittelt sie ihn gleichzeitig dem Europäischen Parlament und dem Rat.

(5)   Ein delegierter Rechtsakt, der gemäß Artikel 3 Absatz 3 Unterabsatz 2, Artikel 4 Absatz 2 und Artikel 5 Absatz 2 erlassen wurde, tritt nur in Kraft, wenn weder das Europäische Parlament noch der Rat innerhalb einer Frist von zwei Monaten nach Übermittlung dieses Rechtsakts Einwände erhoben haben oder wenn vor Ablauf dieser Frist das Europäische Parlament und der Rat beide der Kommission mitgeteilt haben, dass sie keine Einwände erheben werden. Auf Initiative des Europäischen Parlaments oder des Rates wird diese Frist um zwei Monate verlängert.

Artikel 45

Ausschussverfahren

(1)   Die Kommission wird vom Ausschuss für Konformitätsbewertung von Telekommunikationsgeräten und Marktüberwachung unterstützt. Bei diesem Ausschuss handelt es sich um einen Ausschuss im Sinne der Verordnung (EU) Nr. 182/2011.

(2) Wird auf diesen Absatz Bezug genommen, so gilt Artikel 4 der Verordnung (EU) Nr. 182/2011.

(3) Wird auf diesen Absatz Bezug genommen, so gilt Artikel 5 der Verordnung (EU) Nr. 182/2011.

(4) Wird auf diesen Absatz Bezug genommen, so gilt Artikel 8 der Verordnung (EU) Nr. 182/2011 in Verbindung mit deren Artikel 5.

(5) Die Kommission hört den Ausschuss zu allen Angelegenheiten, in denen nach der Verordnung (EU) Nr. 1025/2012 oder nach einem anderen Rechtsakt der Union eine Konsultation von Sachverständigen des Sektors vorgeschrieben ist.

Der Ausschuss kann darüber hinaus im Einklang mit seiner Geschäftsordnung jegliche anderen Angelegenheiten im Zusammenhang mit der Anwendung dieser Richtlinie prüfen, die entweder von seinem Vorsitz oder von einem Vertreter eines Mitgliedstaats vorgelegt werden.

KAPITEL VII

SCHLUSS- UND ÜBERGANGSBESTIMMUNGEN

Artikel 46

Sanktionen

Die Mitgliedstaaten legen Regeln für Sanktionen fest, die bei von Wirtschaftsakteuren begangenen Verstößen gegen die gemäß dieser Richtlinie erlassenen nationalen Rechtsvorschriften verhängt werden, und treffen die zu deren Durchsetzung erforderlichen Maßnahmen. In solchen Regeln können bei schweren Verstößen strafrechtliche Sanktionen vorgesehen sein.

Die vorgesehenen Sanktionen müssen wirksam, verhältnismäßig und abschreckend sein.

Artikel 47

Überprüfung und Berichterstattung

(1) Die Mitgliedstaaten erstatten der Kommission bis zum 12. Juni 2017 Bericht über die Anwendung dieser Richtlinie; anschließend ist spätestens alle zwei Jahre ein neuer Bericht vorzulegen. Die Berichte enthalten eine Darstellung der Marktüberwachungstätigkeiten der Mitgliedstaaten und Informationen darüber, ob und in welchem Maß die Anforderungen der Richtlinie, insbesondere die Vorschriften über die Identifizierung von Wirtschaftsakteuren, erfüllt wurden.

(2) Die Kommission überprüft die Anwendung dieser Richtlinie und erstattet dem Europäischen Parlament und dem Rat darüber bis zum 12. Juni 2018 und danach alle fünf Jahre Bericht. In dem Bericht werden die Fortschritte bei der Ausarbeitung der einschlägigen Normen sowie etwaige Probleme bei der Anwendung behandelt. In dem Bericht sind auch die Tätigkeiten des Ausschusses für Konformitätsbewertung von Telekommunikationsgeräten und Marktüberwachung darzulegen und die Fortschritte bei der Schaffung eines offenen, wettbewerbsgeprägten unionsweiten Marktes für Funkanlagen zu bewerten; außerdem ist in dem Bericht zu prüfen, wie der Regelungsrahmen für das Inverkehrbringen und die Inbetriebnahme von Funkanlagen weiterentwickelt werden sollte, um

a) dafür zu sorgen, dass ein kohärentes System für alle Funkanlagen auf Unionsebene verwirklicht wird,

b) die Konvergenz der Sektoren Telekommunikation, audiovisuelle Kommunikation und Informationstechnologie zu ermöglichen,

c) eine Harmonisierung der Regulierungsmaßnahmen auf internationaler Ebene zu ermöglichen,

d) ein hohes Verbraucherschutzniveau zu erreichen,

e) dafür zu sorgen, dass tragbare Funkanlagen mit Zubehör, insbesondere mit gemeinsamen Ladegeräten, kompatibel sind,

f) auf Funkanlagen mit einem integrierten Bildschirm die Anzeige der erforderlichen Informationen auf dem integrierten Bildschirm zu ermöglichen.

Artikel 48

Übergangsbestimmungen

Die Mitgliedstaaten dürfen bei den unter diese Richtlinie fallenden Aspekten die Bereitstellung auf dem Markt oder die Inbetriebnahme von Funkanlagen, die unter diese Richtlinie fallen, mit den einschlägigen Harmonisierungsrechtsvorschriften der Union, die vor dem 13. Juni 2016 in Kraft getreten sind, im Einklang stehen und die vor dem 13. Juni 2017 in Verkehr gebracht wurden, nicht behindern.

Artikel 49

Umsetzung

(1) Die Mitgliedstaaten erlassen und veröffentlichen bis zum 12. Juni 2016 die Rechts- und Verwaltungsvorschriften, die erforderlich sind, um dieser Richtlinie nachzukommen. Sie teilen der Kommission unverzüglich den Wortlaut dieser Vorschriften mit.

Sie wenden diese Vorschriften ab dem 13. Juni 2016 an.

Bei Erlass dieser Vorschriften nehmen die Mitgliedstaaten in den Vorschriften selbst oder durch einen Hinweis bei der amtlichen Veröffentlichung auf diese Richtlinie Bezug. In diese Vorschriften fügen sie die Erklärung ein, dass Bezugnahmen in den geltenden Rechts- und Verwaltungsvorschriften auf die durch die vorliegende Richtlinie aufgehobene Richtlinie als Bezugnahmen auf die vorliegende Richtlinie gelten. Die Mitgliedstaaten regeln die Einzelheiten dieser Bezugnahme und die Formulierung dieser Erklärung.

(2) Die Mitgliedstaaten teilen der Kommission den Wortlaut der wichtigsten nationalen Rechtsvorschriften mit, die sie auf dem unter diese Richtlinie fallenden Gebiet erlassen.

Artikel 50

Aufhebung

Die Richtlinie 1999/5/EG wird mit Wirkung vom 13. Juni 2016 aufgehoben.

Bezugnahmen auf die aufgehobene Richtlinie gelten als Bezugnahmen auf die vorliegende Richtlinie und sind nach Maßgabe der Entsprechungstabelle in Anhang VIII zu lesen.

Artikel 51

Inkrafttreten

Diese Richtlinie tritt am zwanzigsten Tag nach ihrer Veröffentlichung im *Amtsblatt der Europäischen Union* in Kraft.

Artikel 52

Adressaten

Diese Richtlinie ist an die Mitgliedstaaten gerichtet.

Geschehen zu Straßburg am 16. April 2014.

Im Namen des Europäischen Parlaments	*Im Namen des Rates*
Der Präsident	*Der Präsident*
M. SCHULZ	D. KOURKOULAS

———

ANHANG I

NICHT UNTER DIESE RICHTLINIE FALLENDE ANLAGEN

1. Funkanlagen, die von Funkamateuren im Sinne des Artikels 1 Definition 56 der Vollzugsordnung für den Funkdienst im Rahmen der Internationalen Fernmeldeunion verwendet werden, es sei denn, die Anlagen werden auf dem Markt bereitgestellt.

   Folgende Gegenstände gelten als nicht auf dem Markt bereitgestellt:

   a) Bausätze für Funkanlagen, die von Funkamateuren zusammengebaut und für ihre Zwecke verwendet werden;

   b) Funkanlagen, die von Funkamateuren umgebaut und für ihre Zwecke verwendet werden;

   c) Geräte, die von einzelnen Funkamateuren im Rahmen des Amateurfunkdienstes zu experimentellen und wissenschaftlichen Zwecken zusammengebaut wurden.

2. Schiffsausrüstung, die von der Richtlinie 96/98/EG ([1]) des Rates erfasst wird.

3. Erzeugnisse, Teile und Ausrüstungen an Bord von Luftfahrzeugen, die in den Anwendungsbereich des Artikels 3 der Verordnung (EG) Nr. 216/2008 des Europäischen Parlaments und des Rates ([2]) fallen.

4. Kunden- und anwendungsspezifisch angefertigte Erprobungsmodule, die von Fachleuten ausschließlich in Forschungs- und Entwicklungseinrichtungen für ebensolche Zwecke verwendet werden.

———

([1]) Richtlinie 96/98/EG des Rates vom 20. Dezember 1996 über Schiffsausrüstung (ABl. L 46 vom 17.2.1997, S. 25).
([2]) Verordnung (EG) Nr. 216/2008 des Europäischen Parlaments und des Rates vom 20. Februar 2008 zur Festlegung gemeinsamer Vorschriften für die Zivilluftfahrt und zur Errichtung einer Europäischen Agentur für Flugsicherheit, zur Aufhebung der Richtlinie 91/670/EWG des Rates, der Verordnung (EG) Nr. 1592/2002 und der Richtlinie 2004/36/EG (ABl. L 79 vom 19.3.2008, S. 1).

ANHANG II

KONFORMITÄTSBEWERTUNGSMODUL A

INTERNE FERTIGUNGSKONTROLLE

1. Bei der internen Fertigungskontrolle handelt es sich um das Konformitätsbewertungsverfahren, mit dem der Hersteller die in den Nummern 2, 3 und 4 dieses Anhangs genannten Verpflichtungen erfüllt sowie gewährleistet und auf eigene Verantwortung erklärt, dass die betreffenden Funkanlagen die grundlegenden Anforderungen von Artikel 3 erfüllen.

2. **Technische Unterlagen**

   Der Hersteller erstellt die technischen Unterlagen nach Artikel 21.

3. **Herstellung**

   Der Hersteller trifft alle erforderlichen Maßnahmen, damit der Fertigungsprozess und seine Überwachung die Übereinstimmung der hergestellten Funkanlagen mit den in Nummer 2 dieses Anhangs genannten technischen Unterlagen und mit den einschlägigen, in Artikel 3 aufgeführten grundlegenden Anforderungen gewährleisten.

4. **CE-Kennzeichnung und EU-Konformitätserklärung**

4.1. Der Hersteller bringt die CE-Kennzeichnung im Einklang mit den Artikeln 19 und 20 an jeder einzelnen Funkanlage an, die den geltenden Anforderungen dieser Richtlinie entspricht.

4.2. Der Hersteller stellt für jeden Funkanlagentyp eine schriftliche EU-Konformitätserklärung aus und hält sie zusammen mit den technischen Unterlagen für einen Zeitraum von zehn Jahren ab dem Inverkehrbringen der Funkanlage für die nationalen Behörden bereit. Aus der EU-Konformitätserklärung muss hervorgehen, für welche Funkanlage sie ausgestellt wurde.

   Ein Exemplar der EU-Konformitätserklärung wird den zuständigen Behörden auf Verlangen zur Verfügung gestellt.

5. **Bevollmächtigter**

   Die unter Nummer 4 genannten Pflichten des Herstellers können von seinem Bevollmächtigten in seinem Auftrag und unter seiner Verantwortung erfüllt werden, falls sie im Auftrag festgelegt sind.

———

ANHANG III

KONFORMITÄTSBEWERTUNGSMODULE B UND C

EU-BAUMUSTERPRÜFUNG UND KONFORMITÄT MIT DEM BAUMUSTER AUF GRUNDLAGE DER INTERNEN FERTIGUNGS-KONTROLLE

Wenn auf diesen Anhang verwiesen wird, folgt das Konformitätsbewertungsverfahren den Modulen B (EU-Baumusterprüfung) und C (Konformität mit dem Baumuster auf Grundlage der internen Fertigungskontrolle) dieses Anhangs.

Modul B

EU-Baumusterprüfung

1. Bei der EU-Baumusterprüfung handelt es sich um den Teil eines Konformitätsbewertungsverfahrens, bei dem eine notifizierte Stelle den technischen Entwurf einer Funkanlage untersucht und prüft und bescheinigt, dass er die grundlegenden Anforderungen nach Artikel 3 erfüllt.

2. Die EU-Baumusterprüfung wird durch die Bewertung der Angemessenheit des technischen Entwurfs der Funkanlage durch Prüfung der technischen Unterlagen und der zusätzlichen Nachweise nach Nummer 3 ohne Prüfung eines Musters (Baumuster) durchgeführt.

3. Der Antrag auf EU-Baumusterprüfung ist vom Hersteller bei einer einzigen notifizierten Stelle seiner Wahl einzureichen.

   Der Antrag enthält Folgendes:

   a) den Namen und die Anschrift des Herstellers sowie, wenn der Antrag vom Bevollmächtigten eingereicht wird, auch dessen Namen und Anschrift;

   b) eine schriftliche Erklärung, dass derselbe Antrag bei keiner anderen notifizierten Stelle eingereicht wurde;

   c) die technischen Unterlagen. Anhand dieser Unterlagen muss es möglich sein, die Konformität der Funkanlage mit den geltenden Anforderungen dieser Richtlinie zu bewerten; sie müssen eine angemessene Risikoanalyse und --bewertung enthalten; in den technischen Unterlagen sind die geltenden Anforderungen aufzuführen und der Entwurf, die Herstellung und der Betrieb der Funkanlage zu erfassen, soweit diese für die Bewertung von Belang sind; die technischen Unterlagen enthalten gegebenenfalls die in Anhang V aufgeführten Elemente;

   d) die zusätzlichen Nachweise für eine angemessene Lösung durch den technischen Entwurf. In diesen zusätzlichen Nachweisen müssen alle Unterlagen vermerkt sein, nach denen insbesondere dann vorgegangen worden ist, wenn die einschlägigen harmonisierten Normen nicht oder nicht in vollem Umfang angewandt worden sind; die zusätzlichen Nachweise umfassen erforderlichenfalls die Ergebnisse von Prüfungen, die gemäß anderen einschlägigen technischen Spezifikationen von einem geeigneten Labor des Herstellers oder von einem anderen Prüflabor in seinem Auftrag und unter seiner Verantwortung durchgeführt wurden.

4. Die notifizierte Stelle prüft die technischen Unterlagen und zusätzlichen Nachweise, um die Angemessenheit des technischen Entwurfs der Funkanlage zu bewerten.

5. Die notifizierte Stelle erstellt einen Bewertungsbericht, in dem die gemäß Nummer 4 unternommenen Schritte und ihr Ergebnis verzeichnet sind. Unbeschadet ihrer Pflichten gemäß Nummer 8 veröffentlicht die notifizierte Stelle den Inhalt dieses Berichts oder Teile davon nur mit Zustimmung des Herstellers.

6. Entspricht das Baumuster den für die betroffene Funkanlage geltenden Anforderungen dieser Richtlinie, so stellt die notifizierte Stelle dem Hersteller eine EU-Baumusterprüfbescheinigung aus. Diese Bescheinigung enthält den Namen und die Anschrift des Herstellers, die Ergebnisse der Prüfung, die Aspekte der grundlegenden Anforderungen, auf die sich die Prüfung bezieht, etwaige Bedingungen für ihre Gültigkeit und die für die Identifizierung des bewerteten Baumusters erforderlichen Angaben. Der EU-Baumusterprüfbescheinigung können einer oder mehrere Anhänge beigefügt werden.

   Die EU-Baumusterprüfbescheinigung und ihre Anhänge enthalten alle zweckdienlichen Angaben, anhand deren sich die Übereinstimmung der hergestellten Funkanlagen mit dem geprüften Baumuster beurteilen und eine Kontrolle nach ihrer Inbetriebnahme durchführen lässt.

   Entspricht das Baumuster nicht den anwendbaren Anforderungen dieser Richtlinie, so verweigert die notifizierte Stelle die Ausstellung einer EU-Baumusterprüfbescheinigung und unterrichtet den Antragsteller darüber, wobei sie ihre Weigerung ausführlich begründet.

7. Die notifizierte Stelle hält sich über alle Änderungen des allgemein anerkannten Stands der Technik auf dem Laufenden; deuten diese darauf hin, dass das zugelassene Baumuster nicht mehr den geltenden Anforderungen dieser Richtlinie entspricht, so entscheidet sie, ob derartige Änderungen weitere Untersuchungen nötig machen. Ist dies der Fall, so setzt die notifizierte Stelle den Hersteller davon in Kenntnis.

Der Hersteller unterrichtet die notifizierte Stelle, der die technischen Unterlagen zur EU-Baumusterprüfbescheinigung vorliegen, über alle Änderungen des zugelassenen Baumusters, die die Konformität der Funkanlage mit den grundlegenden Anforderungen dieser Richtlinie oder den Bedingungen für die Gültigkeit dieser Bescheinigung beeinträchtigen können. Derartige Änderungen erfordern eine Zusatzgenehmigung in Form einer Ergänzung der ursprünglichen EU-Baumusterprüfbescheinigung.

8. Jede notifizierte Stelle unterrichtet ihre notifizierende Behörden über die EU-Baumusterprüfbescheinigungen und/oder etwaige Ergänzungen dazu, die sie ausgestellt oder zurückgenommen hat, und übermittelt ihren notifizierenden Behörden in regelmäßigen Abständen oder auf Verlangen eine Aufstellung dieser Bescheinigungen und/oder Ergänzungen dazu, die sie verweigert, ausgesetzt oder auf andere Art eingeschränkt hat.

Jede notifizierte Stelle unterrichtet die übrigen notifizierten Stellen über die EU-Baumusterprüfbescheinigungen und/oder etwaige Ergänzungen dazu, die sie verweigert, zurückgenommen, ausgesetzt oder auf andere Weise eingeschränkt hat, und, wenn sie dazu aufgefordert wird, über derartige Bescheinigungen und/oder Ergänzungen dazu, die sie ausgestellt hat.

Jede notifizierte Stelle unterrichtet die Mitgliedstaaten über die EU-Baumusterprüfbescheinigungen, die sie ausgestellt hat, und/oder über die Ergänzungen dazu, falls harmonisierte Normen, deren Fundstellen im *Amtsblatt der Europäischen Union* veröffentlicht wurden, vorliegen und nicht oder nicht vollständig angewandt wurden. Die Mitgliedstaaten, die Kommission und die anderen notifizierten Stellen erhalten auf Verlangen ein Exemplar der EU-Baumusterprüfbescheinigungen und/oder der Ergänzungen dazu. Auf Verlangen erhalten die Mitgliedstaaten und die Kommission ein Exemplar der technischen Unterlagen und die Ergebnisse der von der notifizierten Stelle vorgenommenen Prüfungen. Die notifizierte Stelle bewahrt ein Exemplar der EU-Baumusterprüfbescheinigung samt Anhängen und Ergänzungen sowie des technischen Dossiers einschließlich der vom Hersteller eingereichten Unterlagen zehn Jahre ab der Bewertung der Funkanlage oder bis zum Ende der Gültigkeitsdauer dieser Bescheinigung auf.

9. Der Hersteller hält ein Exemplar der EU-Baumusterprüfbescheinigung, ihrer Anhänge und Ergänzungen zusammen mit den technischen Unterlagen zehn Jahre ab dem Inverkehrbringen der Funkanlage für die nationalen Behörden bereit.

10. Der Bevollmächtigte des Herstellers kann den unter Nummer 3 genannten Antrag einreichen und die unter den Nummern 7 und 9 genannten Pflichten erfüllen, falls sie im Auftrag festgelegt sind.

Modul C

Konformität mit dem Baumuster auf der Grundlage einer internen Fertigungskontrolle

1. Die Konformität mit dem Baumuster auf der Grundlage einer internen Fertigungskontrolle ist der Teil eines Konformitätsbewertungsverfahrens, mit dem der Hersteller die unter den Nummern 2 und 3 festgelegten Pflichten erfüllt sowie gewährleistet und erklärt, dass die betreffende Funkanlage dem in der EU-Baumusterprüfbescheinigung beschriebenen Baumuster entspricht und die für sie geltenden Anforderungen dieser Richtlinie erfüllt.

2. **Herstellung**

Der Hersteller trifft alle erforderlichen Maßnahmen, damit durch den Fertigungsprozess und seine Überwachung die Übereinstimmung der hergestellten Funkanlagen mit dem in der EU-Baumusterprüfbescheinigung beschriebenen Baumuster und mit den auf sie anwendbaren Anforderungen dieser Richtlinie sichergestellt ist.

3. **CE-Kennzeichnung und EU-Konformitätserklärung**

3.1. Der Hersteller bringt die CE-Kennzeichnung im Einklang mit den Artikeln 19 und 20 an jeder Funkanlage an, die dem in der EU-Baumusterprüfbescheinigung beschriebenen Baumuster entspricht und die geltenden Anforderungen dieser Richtlinie erfüllt.

3.2. Der Hersteller stellt für jeden Funkanlagentyp eine schriftliche EU-Konformitätserklärung aus und hält sie für einen Zeitraum von zehn Jahren ab dem Inverkehrbringen der Funkanlage für die nationalen Behörden bereit. Aus der Konformitätserklärung muss hervorgehen, für welchen Funkanlagentyp sie ausgestellt wurde.

Ein Exemplar der EU-Konformitätserklärung wird den zuständigen Behörden auf Verlangen zur Verfügung gestellt.

4. **Bevollmächtigter**

Die unter Nummer 3 genannten Pflichten des Herstellers können von seinem Bevollmächtigten in seinem Auftrag und unter seiner Verantwortung erfüllt werden, falls sie im Auftrag festgelegt sind.

ANHANG IV

KONFORMITÄTSBEWERTUNGSMODUL H

KONFORMITÄT AUF DER GRUNDLAGE EINER UMFASSENDEN QUALITÄTSSICHERUNG

1. Bei der Konformität auf der Grundlage einer umfassenden Qualitätssicherung handelt es sich um das Konformitätsbewertungsverfahren, bei dem der Hersteller die in den Nummern 2 und 5 genannten Verpflichtungen erfüllt sowie gewährleistet und auf eigene Verantwortung erklärt, dass die betreffende Funkanlage den für sie geltenden Anforderungen dieser Richtlinie genügt.

2. **Herstellung**

   Der Hersteller betreibt ein zugelassenes Qualitätssicherungssystem für Entwicklung, Herstellung, Endabnahme und Prüfung der betreffenden Funkanlage nach Nummer 3; er unterliegt der Überwachung nach Nummer 4.

3. **Qualitätssicherungssystem**

3.1. Der Hersteller beantragt bei einer notifizierten Stelle seiner Wahl die Bewertung seines Qualitätssicherungssystems für die betreffenden Funkanlagen.

   Der Antrag enthält Folgendes:

   a) den Namen und die Anschrift des Herstellers sowie, wenn der Antrag vom Bevollmächtigten eingereicht wird, auch dessen Namen und Anschrift;

   b) die technischen Unterlagen für ein Baumuster der zu fertigenden Funkanlagen; die technischen Unterlagen enthalten gegebenenfalls die in Anhang V aufgeführten Elemente;

   c) die Unterlagen zum Qualitätssicherungssystem und

   d) eine schriftliche Erklärung, dass derselbe Antrag bei keiner anderen notifizierten Stelle eingereicht worden ist.

3.2. Das Qualitätssicherungssystem gewährleistet die Übereinstimmung der Funkanlagen mit den für sie geltenden Anforderungen dieser Richtlinie.

   Alle vom Hersteller berücksichtigten Grundlagen, Anforderungen und Vorschriften sind systematisch und geordnet in Form schriftlicher Grundsätze, Verfahren und Anweisungen zusammenzustellen. Mit diesen Unterlagen über das Qualitätssicherungssystem muss sichergestellt werden, dass die Qualitätssicherungsprogramme, -pläne, --handbücher und -berichte einheitlich ausgelegt werden.

   Sie müssen insbesondere eine angemessene Beschreibung folgender Punkte enthalten:

   a) Qualitätsziele sowie organisatorischer Aufbau, Zuständigkeiten und Befugnisse der Geschäftsleitung in Bezug auf die Qualität der Entwürfe und Produkte;

   b) technische Konstruktionsspezifikationen, einschließlich der angewandten Normen, sowie — wenn die einschlägigen harmonisierten Normen nicht in vollem Umfang angewandt werden — die Mittel, mit denen gewährleistet werden soll, dass die für Funkanlagen geltenden grundlegenden Anforderungen dieser Richtlinie erfüllt werden;

   c) Verfahren für die Kontrolle und Prüfung des Entwicklungsergebnisses, Verfahren und systematische Maßnahmen, die bei dem Entwurf von Funkanlagen des erfassten Baumusters angewendet werden;

   d) entsprechende Fertigungs-, Qualitätskontroll- und Qualitätssicherungsverfahren, angewandte Verfahren und systematische Maßnahmen;

   e) vor, während und nach der Herstellung durchgeführte Untersuchungen und Prüfungen unter Angabe ihrer Häufigkeit;

   f) die qualitätsbezogenen Unterlagen, wie Prüfberichte, Prüfdaten, Eichdaten, Berichte über die Qualifikation des Personals usw.;

   g) Mittel, mit denen die Erreichung der geforderten Entwurfs- und Produktqualität sowie die konkrete Funktionsweise des Qualitätssicherungssystems überwacht werden können.

3.3. Die notifizierte Stelle bewertet das Qualitätssicherungssystem, um festzustellen, ob es den Anforderungen nach Nummer 3.2 genügt.

Bei den Bestandteilen des Qualitätssicherungssystems, die die entsprechenden Spezifikationen der einschlägigen harmonisierten Norm erfüllen, geht sie von einer Konformität mit diesen Anforderungen aus.

Zusätzlich zur Erfahrung mit Qualitätsmanagementsystemen verfügt mindestens ein Mitglied des Auditteams über Erfahrung mit der Bewertung auf dem entsprechenden Gebiet im Bereich Funkanlagen und der betreffenden Funkanlagentechnologie sowie über Kenntnis der geltenden Anforderungen dieser Richtlinie. Das Audit umfasst auch einen Kontrollbesuch in den Räumlichkeiten des Herstellers. Das Auditteam überprüft die unter Nummer 3.1 Buchstabe b genannten technischen Unterlagen, um sich zu vergewissern, dass der Hersteller in der Lage ist, die einschlägigen Anforderungen dieser Richtlinie zu erkennen und die erforderlichen Prüfungen durchzuführen, damit die Konformität der Funkanlage mit diesen Anforderungen gewährleistet ist.

Der Hersteller oder sein Bevollmächtigter wird von der Entscheidung in Kenntnis gesetzt.

Die Mitteilung enthält die Ergebnisse der Prüfung und die Entscheidung mit ihrer Begründung.

3.4. Der Hersteller verpflichtet sich, die Verpflichtungen aus dem Qualitätssicherungssystem in seiner zugelassenen Form zu erfüllen und dafür zu sorgen, dass es stets sachgemäß und effizient funktioniert.

3.5. Der Hersteller unterrichtet die notifizierte Stelle, die das Qualitätssicherungssystem zugelassen hat, über alle geplanten Änderungen des Qualitätssicherungssystems.

Die notifizierte Stelle beurteilt die geplanten Änderungen und entscheidet, ob das geänderte Qualitätssicherungssystem noch die unter Nummer 3.2 genannten Anforderungen erfüllt oder ob eine erneute Bewertung erforderlich ist.

Sie gibt dem Hersteller ihre Entscheidung bekannt. Die Mitteilung enthält die Ergebnisse der Prüfung und die Entscheidung mit ihrer Begründung.

4. **Überwachung unter der Verantwortung der notifizierten Stelle**

4.1. Durch die Überwachung soll sichergestellt werden, dass der Hersteller die Verpflichtungen aus dem zugelassenen Qualitätssicherungssystem vorschriftsmäßig erfüllt.

4.2. Der Hersteller gewährt der notifizierten Stelle für die Bewertung Zugang zu den Entwicklungs-, Herstellungs-, Abnahme-, Prüf- und Lagereinrichtungen und stellt ihr alle erforderlichen Unterlagen zur Verfügung, insbesondere

a) die Unterlagen über das Qualitätssicherungssystem,

b) die vom Qualitätssicherungssystem für den Entwicklungsbereich vorgesehenen Qualitätsberichte wie Ergebnisse von Analysen, Berechnungen, Prüfungen usw.,

c) die vom Qualitätssicherungssystem für den Fertigungsbereich vorgesehenen Qualitätsberichte wie Prüfberichte, Prüfdaten, Eichdaten, Berichte über die Qualifikation des Personals usw.

4.3. Die notifizierte Stelle führt regelmäßig Audits durch, um sicherzustellen, dass der Hersteller das Qualitätssicherungssystem aufrechterhält und anwendet, und übergibt ihm einen entsprechenden Prüfbericht.

4.4. Darüber hinaus kann die notifizierte Stelle beim Hersteller unangemeldete Besichtigungen durchführen. Während dieser Besichtigungen kann die notifizierte Stelle erforderlichenfalls Prüfungen von Funkanlagen durchführen oder durchführen lassen, um sich vom ordnungsgemäßen Funktionieren des Qualitätssicherungssystems zu überzeugen. Die notifizierte Stelle übergibt dem Hersteller einen Bericht über die Besichtigung und im Fall einer Prüfung einen Prüfbericht.

5. **CE-Kennzeichnung und EU-Konformitätserklärung**

5.1. Der Hersteller bringt das CE-Kennzeichen im Einklang mit den Artikeln 19 und 20 und, unter der Verantwortung der notifizierten Stelle gemäß Nummer 3.1, deren Kennnummer an jeder Funkanlage an, die die geltenden Anforderungen gemäß Artikel 3 erfüllt.

5.2. Der Hersteller stellt für jedes Baumuster für Funkanlagen eine schriftliche EU-Konformitätserklärung aus und hält sie für einen Zeitraum von zehn Jahren ab dem Inverkehrbringen der Funkanlage für die nationalen Behörden bereit. Aus der Konformitätserklärung muss hervorgehen, für welches Baumuster für Funkanlagen sie ausgestellt wurde.

Ein Exemplar der EU-Konformitätserklärung wird den zuständigen Behörden auf Verlangen zur Verfügung gestellt.

6. Der Hersteller hält für einen Zeitraum von zehn Jahren ab dem Inverkehrbringen der Funkanlage folgende Unterlagen für die nationalen Behörden zur Verfügung:

a) die technischen Unterlagen gemäß Nummer 3.1,

b) die Unterlagen zu dem Qualitätssicherungssystem nach Nummer 3.1,

c) die Änderung gemäß Nummer 3.5 in ihrer genehmigten Form,

d) die Entscheidungen und Berichte der notifizierten Stelle gemäß den Nummern 3.5, 4.3 und 4.4.

7. Jede notifizierte Stelle unterrichtet ihre notifizierenden Behörden über Zulassungen von Qualitätssicherungssystemen, die sie ausgestellt oder zurückgenommen hat, und übermittelt ihnen in regelmäßigen Abständen oder auf Verlangen eine Aufstellung aller Zulassungen von Qualitätssicherungssystemen, die sie verweigert, ausgesetzt oder auf andere Art eingeschränkt hat.

Jede notifizierte Stelle unterrichtet die anderen notifizierten Stellen über Zulassungen von Qualitätssicherungssystemen, die sie verweigert, ausgesetzt oder zurückgenommen hat, und auf Verlangen über Zulassungen von Qualitätssicherungssystemen, die sie erteilt hat.

8. **Bevollmächtigter**

Die unter den Nummern 3.1, 3.5, 5 und 6 genannten Pflichten des Herstellers können von seinem Bevollmächtigten in seinem Auftrag und unter seiner Verantwortung erfüllt werden, falls sie im Auftrag festgelegt sind.

ANHANG V

INHALT DER TECHNISCHEN UNTERLAGEN

Die technischen Unterlagen enthalten, falls vorhanden, zumindest folgende Elemente:

a) eine allgemeine Beschreibung der Funkanlage einschließlich

    i) Fotografien oder Illustrationen, aus denen äußere Merkmale, Kennzeichnungen und innerer Aufbau hervorgehen,

    ii) Software- oder Firmwareversionen, durch die die Erfüllung der grundlegenden Anforderungen beeinflusst wird,

    iii) Nutzerinformationen und Installationsanweisungen;

b) Entwürfe, Fertigungszeichnungen und -pläne von Bauteilen, Baugruppen, Schaltkreisen und ähnlichen maßgeblichen Elementen;

c) die Beschreibungen und Erläuterungen, die zum Verständnis der genannten Zeichnungen und Pläne sowie des Betriebs der Funkanlage erforderlich sind;

d) eine Aufstellung, welche harmonisierten Normen, deren Fundstellen im *Amtsblatt der Europäischen Union* veröffentlicht wurden, vollständig oder in Teilen angewendet worden sind, und, wenn diese harmonisierten Normen nicht angewendet wurden, eine Beschreibung, mit welchen Lösungen den grundlegenden Anforderungen nach Artikel 3 entsprochen wurde, einschließlich einer Aufstellung, welche anderen einschlägigen technischen Spezifikationen angewendet wurden; wurden harmonisierte Normen nur in Teilen angewendet, so ist in den technischen Unterlagen anzugeben, welche Teile angewendet wurden;

e) ein Exemplar der EU-Konformitätserklärung;

f) ein Exemplar der von der beteiligten notifizierten Stelle ausgestellten EU-Baumusterprüfbescheinigung und ihrer Anhänge, falls das Konformitätsbewertungsmodul in Anhang III angewandt wurde;

g) die Ergebnisse der Konstruktionsberechnungen, Prüfungen und ähnliche maßgebliche Elemente;

h) Prüfberichte;

i) eine Erklärung, ob die Anforderung nach Artikel 10 Absatz 2 erfüllt ist, und eine Erklärung, ob auf der Verpackung die Angaben nach Artikel 10 Absatz 10 gemacht wurden.

———

ANHANG VI

EU-KONFORMITÄTSERKLÄRUNG (Nr. XXX) (¹)

1. Funkanlage (Produkt-, Typen-, Chargen- oder Seriennummer):

2. Name und Anschrift des Herstellers oder seines Bevollmächtigten:

3. Die alleinige Verantwortung für die Ausstellung dieser Konformitätserklärung trägt der Hersteller.

4. Gegenstand der Erklärung (Bezeichnung der Funkanlage zwecks Rückverfolgbarkeit; sie kann erforderlichenfalls eine hinreichend deutliche farbige Abbildung enthalten, auf der die Funkanlage erkennbar ist):

5. Der oben beschriebene Gegenstand der Erklärung erfüllt die einschlägigen Harmonisierungsrechtsvorschriften der Union:

   Richtlinie 2014/53/EU

   gegebenenfalls weitere Harmonisierungsrechtsvorschriften der Union

6. Angabe der einschlägigen harmonisierten Normen, die zugrunde gelegt wurden, oder Angabe der anderen technischen Spezifikationen, bezüglich derer die Konformität erklärt wird: Dabei müssen die jeweilige Kennnummer, die angewandte Fassung und gegebenenfalls das Ausgabedatum angegeben werden:

7. Falls zutreffend — Die notifizierte Stelle … (Name, Kennnummer) hat … (Beschreibung ihrer Mitwirkung) … und folgende EU-Baumusterprüfbescheinigung ausgestellt:

8. Falls vorhanden — Beschreibung des Zubehörs und der Bestandteile einschließlich Software, die den bestimmungsgemäßen Betrieb der Funkanlage ermöglichen und von der EU-Konformitätserklärung erfasst werden:

9. Zusatzangaben

   Unterzeichnet für und im Namen von: …

   (Ort und Datum der Ausstellung):

   (Name, Funktion) (Unterschrift):

———

(¹) Der Hersteller kann auf freiwilliger Basis der EU-Konformitätserklärung eine Nummer zuteilen.

ANHANG VII

VEREINFACHTE EU-KONFORMITÄTSERKLÄRUNG

Die vereinfachte EU-Konformitätserklärung gemäß Artikel 10 Absatz 9 hat folgenden Wortlaut:

Hiermit erklärt [Name des Herstellers], dass der Funkanlagentyp [Bezeichnung] der Richtlinie 2014/53/EU entspricht.

Der vollständige Text der EU-Konformitätserklärung ist unter der folgenden Internetadresse verfügbar:

———

ANHANG VIII

ENTSPRECHUNGSTABELLE

Richtlinie 1999/5/EG	Diese Richtlinie
Artikel 1	Artikel 1
Artikel 2	Artikel 2
Artikel 3 Absätze 1 und 2	Artikel 3 Absätze 1 und 2
Artikel 3 Absatz 3 und Artikel 15a	Artikel 3 Absatz 3 mit Ausnahme von Artikel 3 Absatz 3 Buchstabe i und Artikel 44
Artikel 4 Absatz 1 und Artikel 13 bis 15	Artikel 8 und 45
Artikel 4 Absatz 2	—
Artikel 5 Absatz 1	Artikel 16
Artikel 15 Absätze 2 und 3	—
Artikel 6 Absatz 1	Artikel 6
Artikel 6 Absatz 2	—
Artikel 6 Absatz 3	Artikel 10 Absätze 8, 9 und 10
Artikel 6 Absatz 4	—
Artikel 7 Absätze 1 und 2	Artikel 7
Artikel 7 Absätze 3, 4 und 5	—
Artikel 8 Absätze 1 und 2	Artikel 9
Artikel 8 Absatz 3	—
Artikel 9	Artikel 39 bis 43
Artikel 10	Artikel 17
Artikel 11	Artikel 22 bis 38
Artikel 12	Artikel 19 und 20, Artikel 10 Absätze 6 und 7
Artikel 16	—
Artikel 17	Artikel 47
Artikel 18	Artikel 48
Artikel 19	Artikel 49
Artikel 20	Artikel 50
Artikel 21	Artikel 51
Artikel 22	Artikel 52
Anhang I	Anhang I
Anhang II	Anhang II
Anhang III	—
Anhang IV	Anhang III
Anhang V	Anhang IV
Anhang VI	Artikel 26
Anhang VII Nummern 1 bis 4	Artikel 19 und 20
Anhang VII Nummer 5	Artikel 10 Absatz 10

Mitteilung der Kommission im Rahmen der Durchführung der Richtlinie 1999/5/EG des Europäischen Parlaments und des Rates vom 9. März 1999 über Funkanlagen und Telekommunikationsendeinrichtungen und die gegenseitige Anerkennung ihrer Konformität

(Veröffentlichung der Titel und der Bezugsnummern der harmonisierten Normen im Sinne der Harmonisierungsrechtsvorschriften der EU)

(Text von Bedeutung für den EWR)

(2015/C 226/07)

ENO (¹)	Bezugsnummer und Titel der Norm (und Bezugsdokument)	Erste Veröffentlichung ABl.	Referenz der ersetzen Norm	Datum der Beendigung der Annahme der Konformitätsvermutung für die ersetzte Norm Anmerkung 1	Artikel der Richtlinie 1999/5/EG
(1)	(2)	(3)	(4)	(5)	(6)
Cenelec	EN 41003:2008 Besondere Sicherheitsanforderungen an Geräte zum Anschluss an Telekommunikationsnetze und/oder Kabelverteilsysteme	10.8.2010	EN 41003:1998 Anmerkung 2.1	Datum abgelaufen (1.7.2011)	Artikel 3.1.a (und Artikel 2 2006/95/EG)
Cenelec	EN 50360:2001 Produktnorm zum Nachweis der Übereinstimmung von Mobiltelefonen mit den Basisgrenzwerten hinsichtlich der Sicherheit von Personen in elektromagnetischen Feldern (300 MHz bis 3 GHz)	26.7.2001			Artikel 3.1.a
	EN 50360:2001/AC:2006	29.12.2010			
	EN 50360:2001/A1:2012	23.10.2012	Anmerkung 3	Datum abgelaufen (13.2.2015)	
Cenelec	EN 50364:2010 Begrenzung der Exposition von Personen gegenüber elektromagnetischen Feldern von Geräten, die im Frequenzbereich von 0 Hz bis 300 GHz betrieben und in der elektronischen Artikelüberwachung (en: EAS), Hochfrequenz-Identifizierung (en: RFID) und ähnlichen Anwendungen verwendet werden	29.12.2010	EN 50364:2001 Anmerkung 2.1	Datum abgelaufen (1.11.2012)	Artikel 3.1.a (und Artikel 2 2006/95/EG)
Cenelec	EN 50385:2002 Produktnorm zur Konformitätsüberprüfung von Mobilfunk-Basisstationen und stationären Teilnehmergeräten für schnurlose Telekommunikationsanlagen im Hinblick auf die Basisgrenz- und Referenzwerte bezüglich der Exposition von Personen gegenüber elektromagnetischen Feldern (110 MHz bis 40 GHz) — Allgemeinbevölkerung	7.12.2002			Artikel 3.1.a

(1)	(2)	(3)	(4)	(5)	(6)
Cenelec	EN 50401:2006 Produktnorm zum Nachweis der Übereinstimmung von stationären Einrichtungen für Funkübertragungen (110 MHz bis 40 GHz), die zur Verwendung in schnurlosen Telekommunikationsnetzen vorgesehen sind, bei ihrer Inbetriebnahme mit den Basisgrenzwerten oder den Referenzwerten bezüglich der Exposition der Allgemeinbevölkerung gegenüber hochfrequenten elektromagnetischen Feldern	21.12.2006			Artikel 3.1.a
	EN 50401:2006/A1:2011	11.4.2012	Anmerkung 3	Datum abgelaufen (29.8.2014)	
Cenelec	EN 50561-1:2013 Kommunikationsgeräte auf elektrischen Niederspannungsnetzen — Funkstöreigenschaften — Grenzwerte und Messverfahren — Teil 1: Geräte für die Verwendung im Heimbereich	12.9.2014	EN 55022:2010 EN 55032:2012 Anmerkung 2.3	10.9.2016	Artikel 3.1.b
	EN 50561-1:2013/AC:2015	Dies ist die erste Veröffentlichung			
Cenelec	EN 50566:2013 Produktnorm zum Nachweis der Übereinstimmung von hochfrequenten Feldern von handgehaltenen und am Körper getragenen schnurlosen Kommunikationsgeräten, die durch die Allgemeinbevölkerung verwendet werden (30 MHz bis 6 GHz)	12.10.2013			Artikel 3.1.a
	EN 50566:2013/AC:2014	12.9.2014			
Cenelec	EN 55022:2010 Einrichtungen der Informationstechnik — Funkstöreigenschaften — Grenzwerte und Messverfahren CISPR 22:2008 (modifiziert)	21.9.2011	EN 55022:2006 + A1:2007 Anmerkung 2.1	Datum abgelaufen (1.12.2013)	Artikel 3.1.b
	EN 55022:2010/AC:2011	11.4.2012			
Cenelec	EN 55024:2010 Einrichtungen der Informationstechnik — Störfestigkeitseigenschaften — Grenzwerte und Prüfverfahren CISPR 24:2010	21.9.2011	EN 55024:1998 + A1:2001 + A2:2003	Datum abgelaufen (1.12.2013)	Artikel 3.1.b
Cenelec	EN 55032:2012 Elektromagnetische Verträglichkeit von Multimediageräten und -einrichtungen — Anforderungen an die Störaussendung CISPR 32:2012	12.10.2013	EN 55022:2010 Anmerkung 2.1	5.3.2017	Artikel 3.1.b
	EN 55032:2012/AC:2013	12.9.2014			

(1)	(2)	(3)	(4)	(5)	(6)
Cenelec	EN 60065:2002 Audio-, Video- und ähnliche elektronische Geräte — Sicherheitsanforderungen IEC 60065:2001 (modifiziert)	7.12.2002	EN 60065:1998 Anmerkung 2.1	Datum abgelaufen (1.3.2007)	Artikel 3.1.a (und Artikel 2 2006/95/EG)
	EN 60065:2002/AC:2006	29.12.2010			
	EN 60065:2002/AC:2007	29.12.2010			
	EN 60065:2002/A1:2006 IEC 60065:2001/A1:2005 (modifiziert)	25.9.2007	Anmerkung 3	Datum abgelaufen (1.12.2008)	
	EN 60065:2002/A11:2008	10.8.2010	Anmerkung 3	Datum abgelaufen (1.7.2010)	
	EN 60065:2002/A12:2011	21.9.2011	Anmerkung 3	Datum abgelaufen (24.1.2013)	
	EN 60065:2002/A2:2010 IEC 60065:2001/A2:2010 (modifiziert)	15.4.2011	Anmerkung 3	Datum abgelaufen (1.10.2013)	
Cenelec	EN 60065:2014 Audio-, Video- und ähnliche elektronische Geräte — Sicherheitsanforderungen IEC 60065:2014 (modifiziert)	17.4.2015	EN 60065:2002 + A11:2008 + A12:2011 + A1:2006 + A2:2010 Anmerkung 2.1	17.11.2017	Artikel 3.1.a (und Artikel 2 2006/95/EG)
Cenelec	EN 60215:1989 Sicherheitsbestimmung für Funksender IEC 60215:1987	5.4.2001			Artikel 3.1.a (und Artikel 2 2006/95/EG)
	EN 60215:1989/A1:1992 IEC 60215:1987/A1:1990	5.4.2001	Anmerkung 3	Datum abgelaufen (1.6.1993)	
	EN 60215:1989/A2:1994 IEC 60215:1987/A2:1993	5.4.2001	Anmerkung 3	Datum abgelaufen (15.7.1995)	
Cenelec	EN 60730-1:2011 Automatische elektrische Regel- und Steuergeräte für den Hausgebrauch und ähnliche Anwendungen — Teil 1: Allgemeine Anforderungen IEC 60730-1:2010 (modifiziert)	23.10.2012			Artikel 3.1.a (und Artikel 2 2006/95/EG) + Artikel 3.1.b

(1)	(2)	(3)	(4)	(5)	(6)
Cenelec	EN 60825-1:2007 Sicherheit von Lasereinrichtungen — Teil 1: Klassifizierung von Anlagen und Anforderungen IEC 60825-1:2007	4.11.2008	EN 60825-1:1994 + A11:1996 + A1:2002 + A2:2001 Anmerkung 2.1	Datum abgelaufen (1.9.2010)	Artikel 3.1.a (und Artikel 2 2006/95/EG)
Cenelec	EN 60825-1:2014 Sicherheit von Lasereinrichtungen — Teil 1: Klassifizierung von Anlagen und Anforderungen IEC 60825-1:2014	Dies ist die erste Veröffentlichung	EN 60825-1:2007 Anmerkung 2.1	19.6.2017	Artikel 3.1.a (und Artikel 2 2006/95/EG)
Cenelec	EN 60825-2:2004 Sicherheit von Lasereinrichtungen — Teil 2: Sicherheit von Lichtwellenleiter- Kommunikationssystemen (LWLKS) IEC 60825-2:2004	5.10.2005	EN 60825-2:2000 Anmerkung 2.1	Datum abgelaufen (1.9.2007)	Artikel 3.1.a (und Artikel 2 2006/95/EG)
	EN 60825-2:2004/A1:2007 IEC 60825-2:2004/A1:2006	25.9.2007	Anmerkung 3	Datum abgelaufen (1.2.2010)	
	EN 60825-2:2004/A2:2010 IEC 60825-2:2004/A2:2010	15.4.2011	Anmerkung 3	Datum abgelaufen (1.10.2013)	
Cenelec	EN 60825-4:2006 Sicherheit von Lasereinrichtungen — Teil 4: Laserschutzwände IEC 60825-4:2006	25.9.2007	EN 60825-4:1997 + A1:2002 + A2:2003 Anmerkung 2.1	Datum abgelaufen (1.10.2009)	Artikel 3.1.a (und Artikel 2 2006/95/EG)
	EN 60825-4:2006/A1:2008 IEC 60825-4:2006/A1:2008	15.12.2009	Anmerkung 3	Datum abgelaufen (1.9.2011)	
	EN 60825-4:2006/A2:2011 IEC 60825-4:2006/A2:2011	21.9.2011	Anmerkung 3	Datum abgelaufen (3.5.2014)	
Cenelec	EN 60825-12:2004 Sicherheit von Lasereinrichtungen — Teil 12: Sicherheit von optischen Frei- raumkommunikationssystemen für die Informationsübertragung IEC 60825-12:2004	30.3.2005			Artikel 3.1.a (und Artikel 2 2006/95/EG)
Cenelec	EN 60950-1:2006 Einrichtungen der Informationstechnik — Sicherheit — Teil 1: Allgemeine Anforderungen IEC 60950-1:2005 (modifiziert)	25.9.2007	EN 60950-1:2001 + A11:2004 Anmerkung 2.1	Datum abgelaufen (1.12.2010)	Artikel 3.1.a (und Artikel 2 2006/95/EG)
	EN 60950-1:2006/A11:2009	10.8.2010	Anmerkung 3	Datum abgelaufen (1.12.2010)	
	EN 60950-1:2006/A12:2011	21.9.2011	Anmerkung 3	Datum abgelaufen (24.1.2013)	
	EN 60950-1:2006/A1:2010 IEC 60950-1:2005/A1:2009 (modifi- ziert)	29.12.2010	Anmerkung 3	Datum abgelaufen (1.3.2013)	

(1)	(2)	(3)	(4)	(5)	(6)
	EN 60950-1:2006/A2:2013 IEC 60950-1:2005/A2:2013 (modifiziert)	12.9.2014	Anmerkung 3	2.7.2016	
	EN 60950-1:2006/AC:2011	11.4.2012			
Cenelec	EN 60950-22:2006 Einrichtungen der Informationstechnik — Sicherheit — Teil 22: Einrichtungen für den Außenbereich IEC 60950-22:2005 (modifiziert)	25.9.2007			Artikel 3.1.a (und Artikel 2 2006/95/EG)
	EN 60950-22:2006/AC:2008	29.12.2010			
Cenelec	EN 60950-23:2006 Einrichtungen der Informationstechnik — Sicherheit — Teil 23: Große Einrichtungen zur Datenspeicherung IEC 60950-23:2005	25.9.2007			Artikel 3.1.a (und Artikel 2 2006/95/EG)
	EN 60950-23:2006/AC:2008	29.12.2010			
Cenelec	EN 61000-3-2:2006 Elektromagnetische Verträglichkeit (EMV) — Teil 3-2: Grenzwerte — Grenzwerte für Oberschwingungsströme (Geräte-Eingangsstrom <= 16 A je Leiter) IEC 61000-3-2:2005	25.9.2007	EN 61000-3-2:2000 + A2:2005 Anmerkung 2.1	Datum abgelaufen (1.2.2009)	Artikel 3.1.b
	EN 61000-3-2:2006/A1:2009 IEC 61000-3-2:2005/A1:2008	10.8.2010	Anmerkung 3	Datum abgelaufen (1.7.2012)	
	EN 61000-3-2:2006/A2:2009 IEC 61000-3-2:2005/A2:2009	10.8.2010	Anmerkung 3	Datum abgelaufen (1.7.2012)	
Cenelec	EN 61000-3-2:2014 Elektromagnetische Verträglichkeit (EMV) — Teil 3-2: Grenzwerte — Grenzwerte für Oberschwingungsströme (Geräte-Eingangsstrom ≤ 16 A je Leiter) IEC 61000-3-2:2014	17.4.2015	EN 61000-3-2:2006 + A1:2009 + A2:2009 + A3:2013 + A3:2013 Anmerkung 2.1	30.6.2017	Artikel 3.1.b
Cenelec	EN 61000-3-3:2008 Elektromagnetische Verträglichkeit (EMV) — Teil 3-3: Grenzwerte — Begrenzung von Spannungsänderungen, Spannungsschwankungen und Flikker in öffentlichen Niederspannungs-Versorgungsnetzen für Geräte mit einem Bemessungsstrom <= 16 A je Leiter, die keiner Sonderanschlussbedingung unterliegen IEC 61000-3-3:2008	15.12.2009	EN 61000-3-3:1995 + A1:2001 Anmerkung 2.1	Datum abgelaufen (1.9.2011)	Artikel 3.1.b

(1)	(2)	(3)	(4)	(5)	(6)
Cenelec	EN 61000-3-3:2013 Elektromagnetische Verträglichkeit (EMV) — Teil 3-3: Grenzwerte — Begrenzung von Spannungsänderungen, Spannungsschwankungen und Flikker in öffentlichen Niederspannungs-Versorgungsnetzen für Geräte mit einem Bemessungsstrom <= 16 A je Leiter, die keiner Sonderanschlussbedingung unterliegen IEC 61000-3-3:2013	12.9.2014	EN 61000-3-3:2008 Anmerkung 2.1	18.6.2016	Artikel 3.1.b
Cenelec	EN 61000-3-11:2000 Elektromagnetische Verträglichkeit (EMV) — Teil 3-11: Grenzwerte — Begrenzung von Spannungsänderungen, Spannungsschwankungen und Flikker in öffentlichen Niederspannungs-Versorgungsnetzen — Geräte und Einrichtungen mit einem Bemessungsstrom <= 75 A, die einer Sonderanschlußbedingung unterliegen IEC 61000-3-11:2000	5.4.2001	Entsprechende Fachgrundnorm (en) Anmerkung 2.1	Datum abgelaufen (1.11.2003)	Artikel 3.1.b
Cenelec	EN 61000-3-12:2011 Elektromagnetische Verträglichkeit (EMV) — Teil 3-12: Grenzwerte — Grenzwerte für Oberschwingungsströme, verursacht von Geräten und Einrichtungen mit einem Eingangsstrom > 16A und <= 75A je Leiter, die zum Anschluss an öffentliche Niederspannungsnetze vorgesehen sind IEC 61000-3-12:2011 + IS1:2012	23.10.2012	EN 61000-3-12:2005 Anmerkung 2.1	Datum abgelaufen (16.6.2014)	Artikel 3.1.b
Cenelec	EN 61000-6-1:2007 Elektromagnetische Verträglichkeit (EMV) — Teil 6-1: Fachgrundnormen — Störfestigkeit für Wohnbereich, Geschäfts- und Gewerbebereiche sowie Kleinbetriebe IEC 61000-6-1:2005	25.9.2007	EN 61000-6-1:2001 Anmerkung 2.1	Datum abgelaufen (1.12.2009)	Artikel 3.1.b
Cenelec	EN 61000-6-2:2005 Elektromagnetische Verträglichkeit (EMV) — Teil 6-2: Fachgrundnormen — Störfestigkeit für Industriebereiche IEC 61000-6-2:2005	24.8.2006	EN 61000-6-2:2001 Anmerkung 2.1	Datum abgelaufen (1.6.2008)	Artikel 3.1.b
	EN 61000-6-2:2005/AC:2005	29.12.2010			
Cenelec	EN 61000-6-3:2007 Elektromagnetische Verträglichkeit (EMV) — Teil 6-3: Fachgrundnormen — Störaussendung für Wohnbereich, Geschäfts- und Gewerbebereiche sowie Kleinbetriebe IEC 61000-6-3:2006	25.9.2007	EN 61000-6-3:2001 + A11:2004 Anmerkung 2.1	Datum abgelaufen (1.12.2009)	Artikel 3.1.b

(1)	(2)	(3)	(4)	(5)	(6)
	EN 61000-6-3:2007/A1:2011 IEC 61000-6-3:2006/A1:2010	21.9.2011	Anmerkung 3	Datum abgelaufen (12.1.2014)	
	EN 61000-6-3:2007/A1:2011/ AC:2012	12.10.2013			
Cenelec	EN 61000-6-4:2007 Elektromagnetische Verträglichkeit (EMV) — Teil 6-4: Fachgrundnormen — Störaussendung für Industriebereiche IEC 61000-6-4:2006	25.9.2007	EN 61000-6-4:2001 Anmerkung 2.1	Datum abgelaufen (1.12.2009)	Artikel 3.1.b
	EN 61000-6-4:2007/A1:2011 IEC 61000-6-4:2006/A1:2010	21.9.2011	Anmerkung 3	Datum abgelaufen (12.1.2014)	
Cenelec	EN 62311:2008 Bewertung von elektrischen und elektronischen Einrichtungen in Bezug auf Begrenzungen der Exposition von Personen in elektromagnetischen Feldern (0 Hz — 300 GHz) IEC 62311:2007 (modifiziert)	4.11.2008			Artikel 3.1.a (und Artikel 2 2006/95/EG)
Cenelec	EN 62368-1:2014 Einrichtungen für Audio/Video, Informations- und Kommunikationstechnik — Teil 1: Sicherheitsanforderungen (IEC 62368-1:2014, modifiziert) IEC 62368-1:2014 (modifiziert)	17.4.2015	EN 60065:2014 EN 60950-1:2006 + A11:2009 + A12:2011 + A1:2010 + A2:2013 Anmerkung 2.1		Artikel 3.1.a (und Artikel 2 2006/95/EG)
	EN 62368-1:2014/AC:2015	Dies ist die erste Veröffentlichung			
Cenelec	EN 62479:2010 Beurteilung der Übereinstimmung von elektronischen und elektrischen Geräten kleiner Leistung mit den Basisgrenzwerten für die Sicherheit von Personen in elektromagnetischen Feldern (10 MHz bis 300 GHz) IEC 62479:2010 (modifiziert)	15.4.2011	EN 50371:2002 Anmerkung 2.1	Datum abgelaufen (1.9.2013)	Artikel 3.1.a (und Artikel 2 2006/95/EG)
ETSI	EN 300 065-2 V1.2.1 Elektromagnetische Verträglichkeit und Funkspektrumangelegenheiten (ERM); Schmalband-Telexgeräte zum Empfang von Wetter- oder Navigationsmeldungen (NAVTEX); Teil 2: Harmonisierte EN, die die wesentlichen Anforderungen nach Artikel 3.2 der R&TTE-Richtlinie enthält	15.12.2009	EN 300 065-2 V1.1.1 Anmerkung 2.1	Datum abgelaufen (30.4.2011)	Artikel 3 Absatz 2

(1)	(2)	(3)	(4)	(5)	(6)
ETSI	EN 300 065-3 V1.2.1 Elektromagnetische Verträglichkeit und Funkspektrumangelegenheiten (ERM); Schmalband-Telexgeräte zum Empfang von Wetter- oder Navigationsmeldungen (NAVTEX); Teil 3: Harmonisierte EN, die die wesentlichen Anforderungen nach Artikel 3.3 (e) der R&TTE-Richtlinie enthält	15.12.2009	EN 300 065-3 V1.1.1 Anmerkung 2.1	Datum abgelaufen (28.2.2011)	Artikel 3.3
ETSI	EN 300 086-2 V1.3.1 Elektromagnetische Verträglichkeit und Funkspektrumangelegenheiten (ERM) — Mobiler Landfunkdienst — Funkgeräte mit einem eingebauten oder externen HF-Steckverbinder, die hauptschlich für analoge Sprachbertragung ausgelegt sind — Teil 2: Harmonisierte EN, die die wesentlichen Anforderungen nach Artikel 3.2 der R&TTE-Richtlinie enthält	10.8.2010	EN 300 086-2 V1.2.1 Anmerkung 2.1	Datum abgelaufen (31.3.2012)	Artikel 3 Absatz 2
ETSI	EN 300 113-2 V1.5.1 Elektromagnetische Verträglichkeit und Funkspektrumangelegenheiten (ERM) — Mobiler Landfunkdienst — Funkgeräte, die für die Übertragung von Daten (und/oder Sprache) mit konstanter oder nicht konstanter Hüllkurvenmodulation ausgelegt sind und einen Antennenstecker haben — Teil 2: Harmonisierte EN, die die wesentlichen Anforderungen nach Artikel 3.2 der R&TTE-Richtlinie enthält	11.4.2012	EN 300 113-2 V1.4.2 Anmerkung 2.1	Datum abgelaufen (31.8.2013)	Artikel 3 Absatz 2
ETSI	EN 300 135-2 V1.2.1 Elektromagnetische Verträglichkeit und Funkspektrumangelegenheiten (ERM) — Mobiler Landfunkdienst — CB-Funkgeräte — Winkelmodulierte CB-Funkgeräte (PR-27-Funkgeräte) — Teil 2: Harmonisierte EN, die wesentliche Anforderungen nach Artikel 3.2 der R&TTE-Richtlinie enthält	4.11.2008	EN 300 135-2 V1.1.1 Anmerkung 2.1	Datum abgelaufen (30.11.2009)	Artikel 3 Absatz 2
ETSI	EN 300 219-2 V1.1.1 Elektromagnetische Verträglichkeit und Funkspektrumangelegenheiten (ERM); Mobiler Landfunkdienst (RP02); Funkeinrichtungen mit Antennenanschluss zur Übertragung von Fernwirksignalen; Teil 2: Harmonisierte Europäische Norm (EN) mit wesentlichen Anforderungen nach R&TTE-Richtlinie Artikel 3.2	26.7.2001			Artikel 3 Absatz 2

(1)	(2)	(3)	(4)	(5)	(6)
ETSI	EN 300 220-2 V2.4.1 Elektromagnetische Verträglichkeit und Funkspektrumangelegenheiten (ERM) — Funkanlagen mit geringer Reichweite (SRD) — Funkgeräte zur Verwendung im Frequenzbereich von 25 MHz bis 1 000 MHz mit Leistungspegeln bis 500 mW — Teil 2: Harmonisierte EN mit wesentlichen Anforderungen nach Artikel 3.2 R&TTE-Richtlinie	23.10.2012	EN 300 220-2 V2.3.1 Anmerkung 2.1	Datum abgelaufen (28.2.2014)	Artikel 3 Absatz 2
ETSI	EN 300 224-2 V1.1.1 Elektromagnetische Verträglichkeit und Funkspektrumangelegenheiten (ERM); Grundstücks-Funkrufdienst; Teil 2: Harmonisierte Europäische Norm (EN) mit wesentlichen Anforderungen nach R&TTE-Richtlinie Artikel 3.2	5.4.2001			Artikel 3 Absatz 2
ETSI	EN 300 296-2 V1.4.1 Elektromagnetische Verträglichkeit und Funkspektrumangelegenheiten (ERM) — Mobiler Landfunkdienst — Funkgeräte, die eingebaute Antennen verwenden und hauptsächlich für analoge Sprachübertragung ausgelegt sind — Teil 2: Harmonisierte EN, die die wesentlichen Anforderungen nach Artikel 3.2 der R&TTE-Richtlinie enthält	12.10.2013	EN 300 296-2 V1.3.1 Anmerkung 2.1	Datum abgelaufen (31.5.2015)	Artikel 3 Absatz 2
ETSI	EN 300 328 V1.8.1 Elektromagnetische Verträglichkeit und Funkspektrumangelegenheiten (ERM) — Breitband-Übertragungssysteme — Datenübertragungsgeräte, die im 2,4-GHz-ISM-Band arbeiten und Breitband-Modulationstechniken verwenden — Harmonisierte EN, die die wesentlichen Anforderungen nach Artikel 3.2 der R&TTE-Richtlinie enthält	23.10.2012	EN 300 328 V1.7.1 Anmerkung 2.1	Datum abgelaufen (31.12.2014)	Artikel 3 Absatz 2
ETSI	EN 300 328 V1.9.1 Elektromagnetische Verträglichkeit und Funkspektrumangelegenheiten (ERM) — Breitband-Übertragungssysteme — Datenübertragungsgeräte, die im 2,4-GHz-ISM-Band arbeiten und Breitband-Modulationstechniken verwenden — Harmonisierte EN, die die wesentlichen Anforderungen nach Artikel 3.2 der R&TTE-Richtlinie enthält	17.4.2015	EN 300 328 V1.8.1 Anmerkung 2.1	30.11.2016	Artikel 3 Absatz 2

(1)	(2)	(3)	(4)	(5)	(6)
ETSI	EN 300 330-2 V1.5.1 Elektromagnetische Verträglichkeit und Funkspektrumangelegenheiten (ERM) — Funkanlagen mit geringer Reichweite (SRD) — Funkgeräte im Frequenzbereich 9 kHz bis 25 MHz und induktive Schleifensysteme im Frequenzbereich 9 kHz bis 30 MHz — Teil 2: Harmonisierte EN, die die wesentlichen Anforderungen nach Artikel 3.2 der R&TTE-Richtlinie enthält	10.8.2010	EN 300 330-2 V1.3.1 Anmerkung 2.1	Datum abgelaufen (30.11.2011)	Artikel 3 Absatz 2
ETSI	EN 300 330-2 V1.6.1 Elektromagnetische Verträglichkeit und Funkspektrumangelegenheiten (ERM) — Funkanlagen mit geringer Reichweite (SRD) — Funkgeräte im Frequenzbereich 9 kHz bis 25 MHz und induktive Schleifensysteme im Frequenzbereich 9 kHz bis 30 MHz — Teil 2: Harmonisierte EN, die die wesentlichen Anforderungen nach Artikel 3.2 der R&TTE-Richtlinie enthält	17.4.2015	EN 300 330-2 V1.5.1 Anmerkung 2.1	30.11.2016	Artikel 3 Absatz 2
ETSI	EN 300 341-2 V1.1.1 Elektromagnetische Verträglichkeit und Funkspektrumangelegenheiten (ERM); Mobiler Landfunkdienst (RP02); Funkeinrichtungen mit Integralantenne zur Übertragung von Fernwirksignalen; Teil 2: Harmonisierte Europäische Norm (EN) mit wesentlichen Anforderungen nach R&TTE-Richtlinie Artikel 3.2	5.4.2001			Artikel 3 Absatz 2
ETSI	EN 300 373-2 V1.2.1 Elektromagnetische Verträglichkeit und Funkspektrumangelegenheiten (ERM) — Maritime mobile Sender und Empfnger zur Verwendung in den MF- und HF-Bändern — Teil 2: Harmonisierte EN, die die wesentlichen Anforderungen nach Artikel 3.2 der R&TTE-Richtlinie enthält	10.8.2010	EN 300 373-2 V1.1.1 Anmerkung 2.1	Datum abgelaufen (30.9.2011)	Artikel 3 Absatz 2
ETSI	EN 300 373-3 V1.2.1 Elektromagnetische Verträglichkeit und Funkspektrumangelegenheiten (ERM) — Maritime mobile Sender und Empfänger zur Verwendung in den MF- und HF-Bändern — Teil 3: Harmonisierte EN, die wesentliche Anforderungen nach Artikel 3.3(e) der R&TTE-Richtlinie enthält — Einrichtungen mit integrierten oder zugehörigen Geräten für den digitalen Selektivruf (DSC) Klasse „E"	10.8.2010	EN 300 373-3 V1.1.1 Anmerkung 2.1	Datum abgelaufen (30.9.2011)	Artikel 3.3

(1)	(2)	(3)	(4)	(5)	(6)
ETSI	EN 300 390-2 V1.1.1 Elektromagnetische Verträglichkeit und Funkspektrumangelegenheiten (ERM); Beweglicher Landfunkdienst; Daten- und Sprechfunkeinrichtungen mit Integralantenne; Teil 2: Harmonisierte Europäische Norm (EN) mit wesentlichen Anforderungen nach R&TTE-Richtlinie Artikel 3.2	14.2.2001	ETS 300 390/A1 ED.1 Anmerkung 2.1	Datum abgelaufen (30.4.2001)	Artikel 3 Absatz 2
ETSI	EN 300 422-2 V1.3.1 Elektromagnetische Verträglichkeit und Funkspektrumangelegenheiten (ERM) — Drahtlose Mikrophone im Frequenzbereich von 25 MHz bis 3 GHz — Teil 2: Harmonisierte EN, die wesentliche Anforderungen nach Artikel 3.2 der R&TTE-Richtlinie enthält	11.4.2012	EN 300 422-2 V1.2.2 Anmerkung 2.1	Datum abgelaufen (31.5.2013)	Artikel 3 Absatz 2
ETSI	EN 300 422-2 V1.4.1 Elektromagnetische Verträglichkeit und Funkspektrumangelegenheiten (ERM) — Drahtlose Mikrophone im Frequenzbereich von 25 MHz bis 3 GHz — Teil 2: Harmonisierte EN, die die wesentlichen Anforderungen nach Artikel 3.2 der R&TTE-Richtlinie enthält	Dies ist die erste Veröffentlichung	EN 300 422-2 V1.3.1 Anmerkung 2.1	28.2.2017	Artikel 3 Absatz 2
ETSI	EN 300 433-2 V1.3.1 Elektromagnetische Verträglichkeit und Funkspektrumangelegenheiten (ERM) — Jedermann (CB) Funkkommunikationsgeräte — Teil 2: Harmonisierte EN, die die wesentlichen Anforderungen nach Artikel 3.2 der R&TTE-Richtlinie enthält	11.4.2012	EN 300 433-2 V1.1.2 Anmerkung 2.1	Datum abgelaufen (30.3.2013)	Artikel 3 Absatz 2
ETSI	EN 300 440-2 V1.4.1 Elektromagnetische Verträglichkeit und Funkspektrumangelegenheiten (ERM) — Funkanlagen mit geringer Reichweite — Funkgeräte zum Betrieb im Frequenzbereich von 1 GHz bis 40 GHz — Teil 2: Harmonisierte EN, die die wesentlichen Anforderungen nach Artikel 3.2 der R&TTE-Richtlinie enthält	29.12.2010	EN 300 440-2 V1.3.1 Anmerkung 2.1	Datum abgelaufen (31.5.2012)	Artikel 3 Absatz 2
ETSI	EN 300 454-2 V1.1.1 Elektromagnetische Verträglichkeit und Funkspektrumangelegenheiten (ERM); Breitband-Audioübertragungseinrichtungen; Teil 2: Harmonisierte Europäische Norm (EN) mit wesentlichen Anforderungen nach R&TTE-Richtlinie Artikel 3.2	14.2.2001			Artikel 3 Absatz 2

(1)	(2)	(3)	(4)	(5)	(6)
ETSI	EN 300 471-2 V1.1.1 Elektromagnetische Verträglichkeit und Funkspektrumangelegenheiten (ERM); Mobiler Landfunkdienst; Zugangsprotokoll, Belegungsregeln und korrespondierende technische Eigenschaften der Funkeinrichtungen für die Übertragung von Daten auf gemeinsam genutzten Kanälen; Teil 2: Harmonisierte Europäische Norm (EN) mit wesentlichen Anforderungen nach R&TTE-Richtlinie Artikel 3.2	26.7.2001			Artikel 3 Absatz 2
ETSI	EN 300 609-4 V10.2.1 Globales System für mobile Kommunikation (GSM) — Teil 4: Harmonisierte EN für GSM-Repeater, die die wesentlichen Anforderungen nach Artikel 3.2 der R&TTE-Richtlinie enthält	12.10.2013	EN 300 609-4 V9.2.1 Anmerkung 2.1	Datum abgelaufen (31.8.2014)	Artikel 3 Absatz 2
ETSI	EN 300 674-2-1 V1.1.1 Elektromagnetische Verträglichkeit und Funkspektrumangelegenheiten (ERM) — Straßentransport- und Verkehrstelematik (RTTT) — DSRC-Übertragungseinrichtungen (500 kbit/s/250 kbit/s), die im 5,8-GHz-ISM-Band arbeiten — Teil 2: Harmonisierte EN nach Artikel 3.2 der R&TTE-Richtlinie — Teil 2-1: Anforderungen für die Road Side Units (RSU)	24.8.2006			Artikel 3 Absatz 2
ETSI	EN 300 674-2-2 V1.1.1 Elektromagnetische Verträglichkeit und Funkspektrumangelegenheiten (ERM) — Straßentransport- und Verkehrstelematik (RTTT) — DSRC-Übertragungseinrichtungen (500 kbit/s/250 kbit/s), die im 5,8-GHz-ISM-Band arbeiten — Teil 2: Harmonisierte EN nach Artikel 3.2 der R&TTE-Richtlinie — Teil 2-2: Anforderungen für die On-Board Units (OBU)	24.8.2006			Artikel 3 Absatz 2
ETSI	EN 300 676-2 V1.5.1 Bodengestützte tragbare, mobile und feste VHF-Sender, -Empfänger und -Sende/Empfangsgeräte für den mobilen VHF-Flugfunkdienst mit Amplitudenmodulation — Teil 2: Harmonisierte EN, die die wesentlichen Anforderungen nach Artikel 3.2 der R&TTE-Richtlinie enthält	11.4.2012	EN 300 676-2 V1.4.1 Anmerkung 2.1	Datum abgelaufen (31.5.2013)	Artikel 3 Absatz 2

(1)	(2)	(3)	(4)	(5)	(6)
ETSI	EN 300 698-2 V1.2.1 Elektromagnetische Verträglichkeit und Funkspektrumangelegenheiten (ERM) — Funktelefonsender und -empfänger für den mobilen Seefunkdienst zum Betrieb in den VHF-Bändern, die auf Binnenwasserstraßen verwendet werden — Teil 2: Harmonisierte EN, die die wesentlichen Anforderungen nach Artikel 3.2 der R&TTE-Richtlinie enthält	10.8.2010	EN 300 698-2 V1.1.1 Anmerkung 2.1	Datum abgelaufen (31.8.2010)	Artikel 3 Absatz 2
ETSI	EN 300 698-3 V1.2.1 Elektromagnetische Verträglichkeit und Funkspektrumangelegenheiten (ERM) — Funktelefonsender und -empfänger für den mobilen Seefunkdienst zum Betrieb in den VHF-Bändern, die auf Binnenwasserstraßen verwendet werden — Teil 3: Harmonisierte EN, die die wesentlichen Anforderungen nach Artikel 3.3 (e) der R&TTE-Richtlinie enthält	10.8.2010	EN 300 698-3 V1.1.1 Anmerkung 2.1	Datum abgelaufen (31.8.2010)	Artikel 3.3
ETSI	EN 300 718-2 V1.1.1 Elektromagnetische Verträglichkeit und Funkspektrumangelegenheiten (ERM); Lawinenverschüttetensuchgeräte; Teil 2: Harmonisierte Europäische Norm (EN) mit wesentlichen Anforderungen nach R&TTE-Richtlinie Artikel 3.2	26.7.2001			Artikel 3 Absatz 2
ETSI	EN 300 718-3 V1.2.1 Elektromagnetische Verträglichkeit und Funkspektrumangelegenheiten (ERM); Lawinenverschüttetensuchgeräte; Teil 3: Harmonisierte Europäische Norm (EN) mit wesentlichen Anforderungen nach R&TTE-Richtlinie Artikel 3.3e	30.4.2004	EN 300 718-3 V1.1.1 Anmerkung 2.1	Datum abgelaufen (30.11.2005)	Artikel 3.3
ETSI	EN 300 720-2 V1.2.1 Elektromagnetische Verträglichkeit und Funkspektrumangelegenheiten (ERM) — UHF-Kommunikationssysteme und -geräte an Bord — Teil 2: Harmonisierte EN nach Artikel 3.2 der R&TTE-Richtlinie	3.6.2008	EN 300 720-2 V1.1.1 Anmerkung 2.1	Datum abgelaufen (31.7.2009)	Artikel 3 Absatz 2

(1)	(2)	(3)	(4)	(5)	(6)
ETSI	EN 300 761-2 V1.1.1 Elektromagnetische Verträglichkeit und Funkspektrumangelegenheiten (ERM); Funkgeräte geringer Reichweite (SRD); Technische Eigenschaften und Prüfverfahren zur automatischen Fahrzeugidentifizierung (AVI) für Bahnen im Frequenzbereich 2,45 GHz; Teil 2: Harmonisierte Europäische Norm (EN) mit wesentlichen Anforderungen nach R&TTE-Richtlinie Artikel 3.2	26.7.2001			Artikel 3 Absatz 2
ETSI	EN 301 025-2 V1.5.1 Elektromagnetische Verträglichkeit und Funkspektrumangelegenheiten (ERM) — VHF-Funktelefongeräte zur allgemeinen Kommunikation und zugehörige Geräte für den digitalen Selektivruf (DSC) Klasse „D" — Teil 2: Harmonisierte EN, die die wesentlichen Anforderungen nach Artikel 3.2 der R&TTE-Richtlinie enthält	12.9.2014	EN 301 025-2 V1.4.1 Anmerkung 2.1	Datum abgelaufen (30.6.2015)	Artikel 3 Absatz 2
ETSI	EN 301 025-3 V1.5.1 Elektromagnetische Verträglichkeit und Funkspektrumangelegenheiten (ERM) — VHF-Funktelefongeräte zur allgemeinen Kommunikation und zugehörige Geräte für den digitalen Selektivruf (DSC) Klasse „D" — Teil 3: Harmonisierte EN, die die wesentlichen Anforderungen nach Artikel 3.3 (e) der R&TTE-Richtlinie enthält	12.9.2014	EN 301 025-3 V1.4.1 Anmerkung 2.1	Datum abgelaufen (30.6.2015)	Artikel 3.3
ETSI	EN 301 091-2 V1.3.2 Elektromagnetische Verträglichkeit und Funkspektrumsangelegenheiten (ERM); Radargeräte für den Betrieb im Frequenzbereich von 76 GHz bis 77 GHz; Teil 2: Harmonisierte Europäische Norm (EN) mit wesentlichen Anforderungen nach R&TTE Richtlinie Artikel 3.2	25.9.2007	EN 301 091-2 V1.2.1 Anmerkung 2.1	Datum abgelaufen (30.6.2008)	Artikel 3 Absatz 2
ETSI	EN 301 166-2 V1.2.3 Elektromagnetische Verträglichkeit und Funkspektrumangelegenheiten (ERM) — Mobiler Landfunkdienst — Funkgeräte zur analogen und/oder digitalen Kommunikation (Sprache und/oder Daten), die auf Schmalbandkanälen arbeiten und einen Antennenstecker haben — Teil 2: Harmonisierte EN, die wesentliche Anforderungen nach Artikel 3.2 der R&TTE-Richtlinie enthält	10.8.2010	EN 301 166-2 V1.2.2 Anmerkung 2.1	Datum abgelaufen (31.8.2011)	Artikel 3 Absatz 2

(1)	(2)	(3)	(4)	(5)	(6)
ETSI	EN 301 178-2 V1.2.2 Elektromagnetische Verträglichkeit und Funkspektrumangelegenheiten (ERM); Tragbare UKW-Sprechfunkanlagen für den mobilen Seefunkdienst (nicht für GMDSS); Teil 2: Harmonisierte Europäische Norm (EN) mit wesentlichen Anforderungen nach R&TTE-Richtlinie Artikel 3.2	25.9.2007	EN 301 178-2 V1.1.1 Anmerkung 2.1	Datum abgelaufen (31.10.2008)	Artikel 3 Absatz 2
ETSI	EN 301 357-2 V1.4.1 Elektromagnetische Verträglichkeit und Funkspektrumangelegenheiten (ERM) — Schnurlose Audiogeräte im Frequenzbereich 25 MHz bis 2 000 MHz — Teil 2: Harmonisierte EN, die wesentliche Anforderungen nach Artikel 3.2 der R&TTE-Richtlinie enthält	15.12.2009	EN 301 357-2 V1.3.1 Anmerkung 2.1	Datum abgelaufen (31.8.2010)	Artikel 3 Absatz 2
ETSI	EN 301 360 V1.2.1 Satelliten Erdfunkstellen und Systeme (SES); Harmonisierte Europäische Norm (EN) für Teilnehmer Endeinrichtungen (SUT) zur Informationsübertragung an geostationäre Satelliten in den Frequenzbändern 27,5 GHz bis 29,5 GHz mit wesentlichen Anforderungen nach R&TTE Richtlinie Artikel 3.2	24.8.2006	EN 301 360 V1.1.3 Anmerkung 2.1	Datum abgelaufen (30.11.2007)	Artikel 3 Absatz 2
ETSI	EN 301 406 V2.1.1 Digitale schnurlose Telekommunikation (DECT) — Harmonisierte EN für die digitale schnurlose Telekommunikation (DECT), die die wesentlichen Anforderungen nach Artikel 3.2 der R&TTE-Richtlinie enthält — Funk allgemein	15.12.2009	EN 301 406 V1.5.1 Anmerkung 2.1	Datum abgelaufen (30.4.2011)	Artikel 3 Absatz 2
ETSI	EN 301 423 V1.1.1 Elektromagnetische Verträglichkeit und Funkspektrumangelegenheiten (ERM); Harmonisierte Europäische Norm (EN) für Flugfunk-Telekommunikationssysteme nach R&TTE-Richtlinie Artikel 3.2	5.4.2001	TBR 023 ED.1 Anmerkung 2.1	Datum abgelaufen (30.9.2002)	Artikel 3 Absatz 2

(1)	(2)	(3)	(4)	(5)	(6)
ETSI	EN 301 426 V1.2.1 Satelliten-Erdfunkstellen und -systeme (SES); Harmonisierte EN für Erdfunkstellen des mobilen Landfunks (LMES) und für nicht zur Gefahren- und Sicherheitskommunikation vorgesehene maritime mobile Erdfunkstellen (MMES) mit niedriger Datenrate zum Betrieb in den Frequenzbändern 1,5/1,6 GHz, die wesentliche Anforderungen nach Artikel 3.2 der R&TTE-Richtlinie enthält	9.3.2002	EN 301 426 V1.1.1 Anmerkung 2.1	Datum abgelaufen (30.6.2002)	Artikel 3 Absatz 2
ETSI	EN 301 427 V1.2.1 Satellitenbodenstationen und Systeme (SES); Harmonisierte EN mit wesentlichen Anforderungen nach Artikel 3.2 R&TTE-Richtlinie für Erdfunkstellen des satellitengestützten mobilen Landfunks (LMES) mit niedriger Datenrate, die in den Frequenzbändern 11/12/14 GHz arbeiten	30.3.2005	EN 301 427 V1.1.1 Anmerkung 2.1	Datum abgelaufen (31.8.2003)	Artikel 3 Absatz 2
ETSI	EN 301 428 V1.3.1 Satelliten-Erdfunkstellen und -systeme (SES); Harmonisierte EN für Endeinrichtungen mit sehr kleinen Öffnungswinkeln (VSAT); Sende-, Empfangs- oder kombinierte Sende-Empfangs-Satelliten-Erdfunkstellen zum Betrieb in den Frequenzbändern 11/12/14 GHz, die wesentliche Anforderungen nach Artikel 3.2 der R&TTE-Richtlinie enthält	24.8.2006	EN 301 428 V1.2.1 Anmerkung 2.1	Datum abgelaufen (30.6.2007)	Artikel 3 Absatz 2
ETSI	EN 301 430 V1.1.1 Satellitenbodenstationen und Systeme (SES); Harmonisierte EN mit wesentlichen Anforderungen nach Artikel 3.2 R&TTE-Richtlinie für transportable Erdfunkstellen (TES) zur Satelliten-Nachrichtensammlung (SNG), die in den Frequenzbändern 11-12/13-14 GHz arbeiten	14.2.2001	TBR 030 ED.1 Anmerkung 2.1	Datum abgelaufen (31.1.2001)	Artikel 3 Absatz 2

(1)	(2)	(3)	(4)	(5)	(6)
ETSI	EN 301 441 V1.1.1 Satellitenbodenstationen und Systeme (SES); Harmonisierte EN mit wesentlichen Anforderungen nach Artikel 3.2 R&TTE-Richtlinie für mobile Erdfunkstellen (MES) einschließlich Handfunkgeräte für private Kommunikationsnetze über Satelliten (S-PCN), die in den Frequenzbändern 1,6/2,4 GHz des mobilen Funkdienstes über Satellit (MSS) arbeiten	14.2.2001	TBR 041 ED.1 Anmerkung 2.1	Datum abgelaufen (31.1.2001)	Artikel 3 Absatz 2
ETSI	EN 301 442 V1.2.1 Satelliten-Erdfunkstellen und -systeme (SES) — Harmonisierte EN für mobile Erdfunkstellen (MESs), einschließlich Handfunkgeräte, für private Kommunikationsnetze über Satelliten (S-PCN) im Frequenzband 2,0 GHz des mobilen Funkdienstes über Satelliten (MSS), die die wesentlichen Anforderungen nach Artikel 3.2 der R&TTE-Richtlinie enthält	29.12.2010	EN 301 442 V1.1.1 Anmerkung 2.1	Datum abgelaufen (31.5.2012)	Artikel 3 Absatz 2
ETSI	EN 301 443 V1.3.1 Satellitenbodenstationen und Systeme (SES); Harmonisierte EN mit wesentlichen Anforderungen nach Artikel 3.2 R&TTE Richtlinie für Endeinrichtungen mit sehr kleinen Öffnungswinkeln (VSAT); Sende, Empfangs oder kombinierte Sende/Empfangs Satelliten Erdfunkstellen, die in den Frequenzbändern 4/6 GHz arbeiten	24.8.2006	EN 301 443 V1.2.1 Anmerkung 2.1	Datum abgelaufen (30.11.2007)	Artikel 3 Absatz 2
ETSI	EN 301 444 V1.2.1 Satelliten-Erdfunkstellen und -systeme (SES) — Harmonisierte EN für Erdfunkstellen des mobilen Landfunks (LMES) für die Sprach- und/oder Datenübertragung zum Betrieb in den Frequenzbändern 1,5 GHz und 1,6 GHz, die die wesentlichen Anforderungen nach Artikel 3.2 der R&TTE-Richtlinie enthält	11.4.2012	EN 301 444 V1.1.1 Anmerkung 2.1	Datum abgelaufen (30.4.2015)	Artikel 3 Absatz 2

(1)	(2)	(3)	(4)	(5)	(6)
ETSI	EN 301 444 V1.2.2 Satelliten-Erdfunkstellen und -systeme (SES) — Harmonisierte EN für Erdfunkstellen des mobilen Landfunks (LMES) für die Sprach- und/oder Datenübertragung zum Betrieb in den Frequenzbändern 1,5 GHz und 1,6 GHz, die die wesentlichen Anforderungen nach Artikel 3.2 der R&TTE-Richtlinie enthält	12.10.2013	EN 301 444 V1.2.1 Anmerkung 2.1	30.9.2016	Artikel 3 Absatz 2
ETSI	EN 301 447 V1.1.1 Satelliten-Erdfunkstellen und -systeme (SES); Harmonisierte EN für Erdfunkstellen an Bord von Schiffen (ESVs) zum Betrieb in den Frequenzbändern 4/6 GHz des Festen Funkdienstes über Satelliten (FSS), die wesentliche Anforderungen nach Artikel 3.2 der R&TTE-Richtlinie enthält	3.6.2008			Artikel 3 Absatz 2
ETSI	EN 301 449 V1.1.1 Elektromagnetische Verträglichkeit und Funkspektrumangelegenheiten (ERM); Harmonisierte EN für CDMA-Spreadspectrum-Basisstationen zum Betrieb im 450-MHz-Zellularband (CDMA 450) und in den 410-, 450- und 870-MHz-PAMR-Bändern (CDMA-PAMR), die wesentliche Anforderungen nach Artikel 3.2 der R&TTE-Richtlinie enthält	21.12.2006			Artikel 3 Absatz 2
ETSI	EN 301 459 V1.4.1 Satelliten-Erdfunkstellen und -systeme (SES) — Harmonisierte EN für satellitengestützte interaktive und Teilnehmer-Endeinrichtungen (SIT/SUT) zur Informationsübertragung mittels geostationärer Satelliten im Frequenzband von 29,5 GHz bis 30,0 GHz, die wesentliche Anforderungen nach Artikel 3.2 der R&TTE-Richtlinie enthält	25.9.2007	EN 301 459 V1.3.1 Anmerkung 2.1	Datum abgelaufen (31.3.2009)	Artikel 3 Absatz 2
ETSI	EN 301 489-1 V1.9.2 Elektromagnetische Verträglichkeit und Funkspektrumangelegenheiten (ERM) — Elektromagnetische Verträglichkeit (EMV) für Funkeinrichtungen und -dienste — Teil 1: Gemeinsame technische Anforderungen	11.4.2012	EN 301 489-1 V1.8.1 Anmerkung 2.1	Datum abgelaufen (30.6.2013)	Artikel 3, Absatz 1, Buchstabe b)

(1)	(2)	(3)	(4)	(5)	(6)
ETSI	EN 301 489-10 V1.3.1 Elektromagnetische Verträglichkeit und Funkspektrumangelegenheiten (ERM); Elektromagnetische Verträglichkeit für Funkeinrichtungen und -dienste; Teil 10: Spezifische Bedingungen für schnurlose Telefone der ersten (CT1 und CT1+) und zweiten Generation (CT2)	7.12.2002	EN 301 489-10 V1.2.1 Anmerkung 2.1	Datum abgelaufen (30.11.2005)	Artikel 3, Absatz 1, Buchstabe b)
ETSI	EN 301 489-11 V1.3.1 Elektromagnetische Verträglichkeit und Funkspektrumangelegenheiten (ERM); Elektromagnetische Verträglichkeit (EMV) für Funkeinrichtungen und -dienste; Teil 11: Spezifische Bedingungen arbeitende von Sendern für den terrestrischen Hörrundfunkdienst	24.8.2006	EN 301 489-11 V1.2.1 Anmerkung 2.1	Datum abgelaufen (30.11.2007)	Artikel 3, Absatz 1, Buchstabe b)
ETSI	EN 301 489-12 V2.2.2 Elektromagnetische Verträglichkeit und Funkspektrumangelegenheiten (ERM); Elektromagnetische Verträglichkeit für Funkeinrichtungen und -dienste (EMV); Teil 12: Spezifische Bedingungen für interaktive Erdfunkstellen (Endeinrichtungen) mit sehr kleinem Öffnungswinkel für den Einsatz im satellitengestützten festen Funkdienst (FSS) zwischen 4 GHz und 30 GHz	15.12.2009	EN 301 489-12 V1.2.1 Anmerkung 2.1	Datum abgelaufen (30.6.2010)	Artikel 3, Absatz 1, Buchstabe b)
ETSI	EN 301 489-13 V1.2.1 Elektromagnetische Verträglichkeit und Funkspektrumangelegenheiten (ERM); Elektromagnetische Verträglichkeit für Funkeinrichtungen und -dienste; Teil 13: Spezifische Bedingungen für CB-Funkgeräte und Zusatz-/Hilfseinrichtungen (Sprech- und/oder Datenfunk)	7.12.2002	EN 301 489-13 V1.1.1 Anmerkung 2.1	Datum abgelaufen (30.11.2005)	Artikel 3, Absatz 1, Buchstabe b)
ETSI	EN 301 489-14 V1.2.1 Elektromagnetische Verträglichkeit und Funkspektrumangelegenheiten (ERM); Elektromagnetische Verträglichkeit für Funkeinrichtungen und -dienste; Teil 14: Spezifische Bedingungen für analoge und digitale Sender für den terrestrischen Fernsehrundfunkdienst	12.11.2003	EN 301 489-14 V1.1.1 Anmerkung 2.1	Datum abgelaufen (31.7.2006)	Artikel 3, Absatz 1, Buchstabe b)

(1)	(2)	(3)	(4)	(5)	(6)
ETSI	EN 301 489-15 V1.2.1 Elektromagnetische Verträglichkeit und Funkspektrumangelegenheiten (ERM); Elektromagnetische Verträglichkeit für Funkeinrichtungen und -dienste; Teil 15: Spezifische Bedingungen für kommerziell erhältliche Amateurfunkeinrichtungen	7.12.2002	EN 301 489-15 V1.1.1 Anmerkung 2.1	Datum abgelaufen (30.11.2005)	Artikel 3, Absatz 1, Buchstabe b)
ETSI	EN 301 489-16 V1.2.1 Elektromagnetische Verträglichkeit und Funkspektrumangelegenheiten (ERM); Elektromagnetische Verträglichkeit für Funkeinrichtungen und -dienste; Teil 16: Spezifische Bedingungen für analoge zellulare Funk-Kommunikationseinrichtungen; Mobile und tragbare Einrichtungen	7.12.2002	EN 301 489-16 V1.1.1 Anmerkung 2.1	Datum abgelaufen (30.11.2005)	Artikel 3, Absatz 1, Buchstabe b)
ETSI	EN 301 489-17 V2.2.1 Elektromagnetische Verträglichkeit und Funkspektrumangelegenheiten (ERM) — Elektromagnetische Verträglichkeit für Funkeinrichtungen und -dienste — Teil 17: Spezifische Bedingungen für Breitband-Datenübertragungssysteme	23.10.2012	EN 301 489-17 V2.1.1 Anmerkung 2.1	Datum abgelaufen (31.5.2014)	Artikel 3, Absatz 1, Buchstabe b)
ETSI	EN 301 489-18 V1.3.1 Elektromagnetische Verträglichkeit und Funkspektrumangelegenheiten (ERM); Elektromagnetische Verträglichkeit für Funkeinrichtungen und -dienste; Teil 18: Spezifische Bedingungen für terrestrische Bündelfunkeinrichtungen (TETRA)	7.12.2002	EN 301 489-18 V1.2.1 Anmerkung 2.1	Datum abgelaufen (30.11.2005)	Artikel 3, Absatz 1, Buchstabe b)
ETSI	EN 301 489-19 V1.2.1 Elektromagnetische Verträglichkeit und Funkspektrumangelegenheiten (ERM); Elektromagnetische Verträglichkeit für Funkeinrichtungen und -dienste; Teil 19: Spezifische Bedingungen für mobile Empfangs-Erdfunkstellen (ROMES) zur Datenübertragung im 1,5 GHz-Frequenzband	7.12.2002	EN 301 489-19 V1.1.1 Anmerkung 2.1	Datum abgelaufen (30.11.2005)	Artikel 3, Absatz 1, Buchstabe b)

(1)	(2)	(3)	(4)	(5)	(6)
ETSI	EN 301 489-2 V1.3.1 Elektromagnetische Verträglichkeit und Funkspektrumangelegenheiten (ERM); Elektromagnetische Verträglichkeit für Funkeinrichtungen und -dienste; Teil 2: Spezifische Bedingungen für Funkrufeinrichtungen	7.12.2002	EN 301 489-2 V1.2.1 Anmerkung 2.1	Datum abgelaufen (30.11.2005)	Artikel 3, Absatz 1, Buchstabe b)
ETSI	EN 301 489-20 V1.2.1 Elektromagnetische Verträglichkeit und Funkspektrumangelegenheiten (ERM); Elektromagnetische Verträglichkeit für Funkeinrichtungen und -dienste; Teil 20: Spezifische Bedingungen für mobile Erdfunkstellen (MES) für den Einsatz in mobilen satellitengestützten Funkdiensten (MSS)	7.12.2002	EN 301 489-20 V1.1.1 Anmerkung 2.1	Datum abgelaufen (30.11.2005)	Artikel 3, Absatz 1, Buchstabe b)
ETSI	EN 301 489-22 V1.3.1 Elektromagnetische Verträglichkeit und Funkspektrumangelegenheiten (ERM); Elektromagnetische Verträglichkeit für Funkeinrichtungen und -dienste (EMV); Teil 22: Spezifische Bedingungen für mobile und stationäre VHF-Funkeinrichtungen für den Flugfunkdienst (Bodenfunkstellen)	30.4.2004	EN 301 489-22 V1.2.1 Anmerkung 2.1	Datum abgelaufen (28.2.2007)	Artikel 3, Absatz 1, Buchstabe b)
ETSI	EN 301 489-23 V1.5.1 Elektromagnetische Verträglichkeit und Funkspektrumangelegenheiten (ERM); Elektromagnetische Verträglichkeit (EMV) für Funkgeräte und Funkdienste; Teil 23: Spezielle Anforderungen für IMT-2000 CDMA Direkt-Spreizspektrum (UTRA und E-UTRA) Basisstationen (BS), Repeater- und Zusatzeinrichtungen	11.4.2012	EN 301 489-23 V1.4.1 Anmerkung 2.1	Datum abgelaufen (31.8.2013)	Artikel 3, Absatz 1, Buchstabe b)
ETSI	EN 301 489-24 V1.5.1 Elektromagnetische Verträglichkeit und Funkspektrumangelegenheiten (ERM) — Elektromagnetische Verträglichkeit (EMV) für Funkeinrichtungen und -systeme — Teil 24: Spezifische Bedingungen für mobile und transportable IMT-2000 CDMA Direkt-Spreizspektrum (UTRA und E-UTRA) Funkeinrichtungen und Zusatz-/Hilfseinrichtungen	29.12.2010	EN 301 489-24 V1.4.1 Anmerkung 2.1	Datum abgelaufen (31.7.2012)	Artikel 3, Absatz 1, Buchstabe b)

(1)	(2)	(3)	(4)	(5)	(6)
ETSI	EN 301 489-25 V2.3.2 Elektromagnetische Verträglichkeit und Funkspektrumsangelegenheiten (ERM); Elektromagnetische Verträglichkeit (EMV) für Funkgeräte und Funkdienste; Teil 25: Spezielle Anforderungen für CDMA 1x Spread Sprectrum Mobilstationen und Zusatzeinrichtungen.	24.8.2006	EN 301 489-25 V2.2.1 Anmerkung 2.1	Datum abgelaufen (30.4.2007)	Artikel 3, Absatz 1, Buchstabe b)
ETSI	EN 301 489-26 V2.3.2 Elektromagnetische Verträglichkeit und Funkspektrumangelegenheiten (ERM); Elektromagnetische Verträglichkeit (EMV) für Funkgeräte und Funkdienste; Teil 26: Spezielle Anforderungen für CDMA 1x Spread Spectrum Basisstationen, Repeater und Zusatzeinrichtungen	24.8.2006	EN 301 489-26 V2.2.1 Anmerkung 2.1	Datum abgelaufen (30.4.2007)	Artikel 3, Absatz 1, Buchstabe b)
ETSI	EN 301 489-27 V1.1.1 Elektromagnetische Verträglichkeit und Funkspektrumangelegenheiten (ERM); Elektromagnetische Verträg¬lichkeit (EMV) für Funkeinrichtungen und -dienste; Teil 27: Spezifische Bedingungen für aktive medizinische Implantate mit sehr geringer HF-Leistung (ULP-AMI) und dazugehörende Peripheriegeräte (ULP-AMI-P)	5.10.2005			Artikel 3, Absatz 1, Buchstabe b)
ETSI	EN 301 489-28 V1.1.1 Elektromagnetische Verträglichkeit und Funkspektrumangelegenheiten (ERM); Elektromagnetische Verträg¬lichkeit (EMV) für Funkeinrichtungen und -dienste; Teil 28: Spezifische Bedingungen für drahtlose digitale Videoübertragungen	5.10.2005			Artikel 3, Absatz 1, Buchstabe b)
ETSI	EN 301 489-29 V1.1.1 Elektromagnetische Verträglichkeit und Funkspektrumangelegenheiten (ERM); Elektromagnetische Verträglichkeit für Funkeinrichtungen und -dienste; Teil 29: Spezifische Bedingungen für Medizinische Datendienstgeräte (MEDS), die in den 401-MHz- bis 402-MHz- und 405-MHz- bis 406-MHz- Bändern arbeiten	15.12.2009			Artikel 3, Absatz 1, Buchstabe b)

(1)	(2)	(3)	(4)	(5)	(6)
ETSI	EN 301 489-3 V1.6.1 Elektromagnetische Verträglichkeit und Funkspektrumangelegenheiten (ERM) — Elektromagnetische Verträglichkeit für Funkeinrichtungen und -dienste — Teil 3: Spezifische Bedingungen für Funkgeräte geringer Reichweite (SRD) für den Einsatz auf Frequenzen zwischen 9 kHz und 246 GHz	12.10.2013	EN 301 489-3 V1.4.1 Anmerkung 2.1	Datum abgelaufen (31.5.2015)	Artikel 3, Absatz 1, Buchstabe b)
ETSI	EN 301 489-31 V1.1.1 Elektromagnetische Verträglichkeit und Funkspektrumangelegenheiten (ERM); Elektromagnetische Verträglichkeit (EMV) für Funkeinrichtungen und -dienste; Teil 31: EMV von Funkeinrichtungen für den Einsatz im Frequenzband 9 kHz bis 315 kHz — Aktive medizinische Implantate mit sehr geringer HF-Leistung (ULP-AMI) und dazugehörende Peripheriegeräte (ULP-AMI-P)	24.8.2006			Artikel 3, Absatz 1, Buchstabe b)
ETSI	EN 301 489-32 V1.1.1 Elektromagnetische Verträglichkeit und Funkspektrumangelegenheiten (ERM); Elektromagnetische Verträglichkeit (EMV) für Funkeinrichtungen und -dienste; Teil 32: Radaranwendungen zur Wand- und Bodenanalyse	24.8.2006			Artikel 3, Absatz 1, Buchstabe b)
ETSI	EN 301 489-33 V1.1.1 Elektromagnetische Verträglichkeit und Funkspektrumangelegenheiten (ERM); Elektromagnetische Verträglichkeit für Funkeinrichtungen und dienste; Teil 33: Spezifische Bedingungen für Ultrabreitband (UBB) Kommunikationsgeräte	15.12.2009			Artikel 3, Absatz 1, Buchstabe b)
ETSI	EN 301 489-34 V1.4.1 Elektromagnetische Verträglichkeit und Funkspektrumangelegenheiten (ERM) — Elektromagnetische Verträglichkeit (EMV) für Funkeinrichtungen und -dienste — Teil 34: Spezifische Bedingungen für externe Stromversorgungsgeräte (EPS) für Mobiltelefone	12.10.2013	EN 301 489-34 V1.3.1 Anmerkung 2.1	Datum abgelaufen (28.2.2015)	Artikel 3, Absatz 1, Buchstabe b)

(1)	(2)	(3)	(4)	(5)	(6)
ETSI	EN 301 489-35 V1.1.2 Elektromagnetische Verträglichkeit und Funkspektrumangelegenheiten (ERM) — Elektromagnetische Verträglichkeit von Funkeinrichtungen und -diensten — Teil 35: Spezifische Bedingungen für aktive medizinische Implantate mit geringer HF-Leistung (LP-AMI), die in den Frequenzbändern 2 483,5 MHz bis 2 500 MHz arbeiten	12.9.2014			Artikel 3, Absatz 1, Buchstabe b)
ETSI	EN 301 489-4 V2.1.1 Elektromagnetische Verträglichkeit und Funkspektrumangelegenheiten (ERM) — Elektromagnetische Verträglichkeit für Funkeinrichtungen und -dienste — Teil 4: Spezifische Bedingungen für Richtfunkeinrichtungen sowie Zusatz-/Hilfseinrichtungen und -dienste	12.10.2013	EN 301 489-4 V1.4.1 Anmerkung 2.1	Datum abgelaufen (31.8.2014)	Artikel 3, Absatz 1, Buchstabe b)
ETSI	EN 301 489-4 V2.2.1 Elektromagnetische Verträglichkeit und Funkspektrumangelegenheiten (ERM) — Elektromagnetische Verträglichkeit für Funkeinrichtungen und -dienste — Teil 4: Spezifische Bedingungen für Richtfunkeinrichtungen sowie Zusatz-/Hilfseinrichtungen	Dies ist die erste Veröffentlichung	EN 301 489-4 V2.1.1 Anmerkung 2.1	28.2.2017	Artikel 3, Absatz 1, Buchstabe b)
ETSI	EN 301 489-5 V1.3.1 Elektromagnetische Verträglichkeit und Funkspektrumangelegenheiten (ERM); Elektromagnetische Verträglichkeit für Funkeinrichtungen und -dienste; Teil 5: Spezifische Bedingungen für Funkgeräte des nichtöffentlichen mobilen Landfunks (PMR) und Zusatz-/Hilfseinrichtungen (Sprech- und/oder Datenfunk)	7.12.2002	EN 301 489-5 V1.2.1 Anmerkung 2.1	Datum abgelaufen (30.11.2005)	Artikel 3, Absatz 1, Buchstabe b)
ETSI	EN 301 489-50 V1.2.1 Elektromagnetische Verträglichkeit und Funkspektrumangelegenheiten (ERM) — Elektromagnetische Verträglichkeit für Funkeinrichtungen und -dienste — Teil 50: Spezifische Bedingungen für zellulare Funkkommunikations-Basisstationen (BS), Repeater und Zusatz-/Hilfseinrichtungen	12.10.2013	EN 301 489-26 V2.3.2 EN 301 489-8 V1.2.1 EN 301 489-23 V1.5.1		Artikel 3, Absatz 1, Buchstabe b)

(1)	(2)	(3)	(4)	(5)	(6)
ETSI	EN 301 489-6 V1.3.1 Elektromagnetische Verträglichkeit und Funkspektrumangelegenheiten (ERM); Elektromagnetische Verträglichkeit für Funkeinrichtungen und -dienste; Teil 6: Spezifische Bedingungen für Geräte der digitalen schnurlosen Telekommunikation (DECT)	15.12.2009	EN 301 489-6 V1.2.1 Anmerkung 2.1	Datum abgelaufen (31.5.2010)	Artikel 3, Absatz 1, Buchstabe b)
ETSI	EN 301 489-6 V1.4.1 Elektromagnetische Verträglichkeit und Funkspektrumangelegenheiten (ERM) — Elektromagnetische Verträglichkeit für Funkeinrichtungen und -dienste — Teil 6: Spezifische Bedingungen für Geräte der digitalen schnurlosen Telekommunikation	Dies ist die erste Veröffentlichung	EN 301 489-6 V1.3.1 Anmerkung 2.1	28.2.2017	Artikel 3, Absatz 1, Buchstabe b)
ETSI	EN 301 489-7 V1.3.1 Elektromagnetische Verträglichkeit und Funkspektrumangelegenheiten (ERM); Elektromagnetische Verträglichkeit (EMV) für Funkeinrichtungen und -dienste; Teil 7: Spezifische Bedingungen für mobile und transportable Funk- und Zusatz-/Hilfseinrichtungen digitaler zellularer Funk-Telekommunikationssysteme	24.8.2006	EN 301 489-7 V1.2.1 Anmerkung 2.1	Datum abgelaufen (31.1.2009)	Artikel 3, Absatz 1, Buchstabe b)
ETSI	EN 301 489-8 V1.2.1 Elektromagnetische Verträglichkeit und Funkspektrumangelegenheiten (ERM); Elektromagnetische Verträglichkeit für Funkeinrichtungen und -dienste; Teil 8: Spezifische Bedingungen für GSM-Feststationen	7.12.2002	EN 301 489-8 V1.1.1 Anmerkung 2.1	Datum abgelaufen (30.11.2005)	Artikel 3, Absatz 1, Buchstabe b)
ETSI	EN 301 489-9 V1.4.1 Elektromagnetische Verträglichkeit und Funkspektrumangelegenheiten (ERM); Elektromagnetische Verträglichkeit für Funkeinrichtungen und -dienste (EMV); Teil 9: Spezifische Bedingungen für drahtlose Mikrofone, ähnliche Funkgeräte zur Übertragung von Audiosignalen und In-Ohr-Mithörgeräte	3.6.2008	EN 301 489-9 V1.3.1 Anmerkung 2.1	Datum abgelaufen (31.8.2009)	Artikel 3, Absatz 1, Buchstabe b)

(1)	(2)	(3)	(4)	(5)	(6)
ETSI	EN 301 502 V10.2.1 Globales System für mobile Kommunikation (GSM) — Harmonisierte EN für Basisstationseinrichtungen, die die wesentlichen Anforderungen nach Artikel 3.2 der R&TTE-Richtlinie enthält	12.10.2013	EN 301 502 V9.2.1 Anmerkung 2.1	Datum abgelaufen (31.8.2014)	Artikel 3 Absatz 2
ETSI	EN 301 502 V11.1.1 Globales System für mobile Kommunikation (GSM) — Harmonisierte EN für Basisstationseinrichtungen, die die wesentlichen Anforderungen nach Artikel 3.2 der R&TTE-Richtlinie enthält	12.9.2014	EN 301 502 V10.2.1 Anmerkung 2.1	31.12.2015	Artikel 3 Absatz 2
ETSI	EN 301 502 V12.1.1 Globales System für mobile Kommunikation (GSM) — Harmonisierte EN für Basisstationseinrichtungen, die die wesentlichen Anforderungen nach Artikel 3.2 der R&TTE-Richtlinie enthält	Dies ist die erste Veröffentlichung	EN 301 502 V11.1.1 Anmerkung 2.1	30.11.2016	Artikel 3 Absatz 2
ETSI	EN 301 511 V9.0.2 Globales System für mobile Kommunikation (GSM); Harmonisierter Standard für Mobiltelefone im GSM 900 und GSM 1800 Band zur Erfüllung der minimalen Anforderungen von Artikel 3.2 der R&TTE Direktive	12.11.2003	EN 301 511 V7.0.1 Anmerkung 2.1	Datum abgelaufen (30.6.2004)	Artikel 3 Absatz 2
ETSI	EN 301 526 V1.1.1 Elektromagnetische Verträglichkeit und Funkspektrumangelegenheiten (ERM) — Harmonisierte EN für CDMA-Spread-spectrum-Mobilstationen zum Betrieb im 450-MHz-Zellularband (CDMA 450) und in den 410-, 450- und 870-MHz-PAMR-Bändern (CDMA-PAMR), die wesentliche Anforderungen nach Artikel 3.2 der R&TTE-Richtlinie enthält	21.12.2006			Artikel 3 Absatz 2
ETSI	EN 301 559-2 V1.1.2 Elektromagnetische Verträglichkeit und Funkspektrumangelegenheiten (ERM) — Funkanlagen mit geringer Reichweite (SRD) — Aktiv betriebene Medizinische Implantate (LP-AMI) mit kleiner Leistung, die im Frequenzbereich von 2 483,5 MHz bis 2 000 MHz arbeiten — Teil 2: Harmonisierte EN, die die wesentlichen Anforderungen nach Artikel 3.2 der R&TTE-Richtlinie enthält	23.10.2012			Artikel 3 Absatz 2

(1)	(2)	(3)	(4)	(5)	(6)
ETSI	EN 301 598 V1.1.1 White Space Devices (WSD) — Funkzugangssysteme die im Fernseh-Rundfunkband 470 MHz bis 790 MHz arbeiten — Harmonisierte EN, die die wesentlichen Anforderungen nach Artikel 3.2 der R&TTE-Richtlinie enthält	12.9.2014			Artikel 3 Absatz 2
ETSI	EN 301 681 V1.4.1 Satelliten-Erdfunkstellen und -Système (SES); Harmonisierte Europäische Norm (EN) für mobile Erdfunkstellen (MES) einschließlich Handfunkgeräte in geostationären mobilen satellitengestützten Funksystemen für private satellitengestützte Kommunikationsnetze (S-PCN) in den Frequenzbändern 1,5/1,6 GHz für den Einsatz im mobilen satellitengestützten Funkdienst (MSS) mit wesentlichen Anforderungen nach R&TTE-Richtlinie Artikel 3.2	11.4.2012	EN 301 681 V1.3.2 Anmerkung 2.1	Datum abgelaufen (31.8.2013)	Artikel 3 Absatz 2
ETSI	EN 301 721 V1.2.1 Satellitenbodenstationen und Systeme (SES); Harmonisierte EN mit wesentlichen Anforderungen nach Artikel 3.2 R&TTE-Richtlinie für mobile Erdfunkstellen (MES) für Datenübertragung mit niedriger Bitrate (LBRDC), die Satelliten im erdnahen Orbit (LEO) nutzen und in Frequenzbändern unterhalb von 1 GHz arbeiten	26.7.2001	EN 301 721 V1.1.1 Anmerkung 2.1	Datum abgelaufen (31.3.2002)	Artikel 3 Absatz 2
ETSI	EN 301 783-2 V1.2.1 Elektromagnetische Verträglichkeit und Funkspektrumangelegenheiten (ERM) — Mobiler Landfunkdienst — Kommerziell verfügbare Amateurfunkgeräte — Teil 2: Harmonisierte EN, die die wesentlichen Anforderungen nach Artikel 3.2 der R&TTE-Richtlinie enthält	10.8.2010	EN 301 783-2 V1.1.1 Anmerkung 2.1	Datum abgelaufen (30.9.2011)	Artikel 3 Absatz 2
ETSI	EN 301 796 V1.1.1 Elektromagnetische Verträglichkeit und Funkspektrumangelegenheiten (ERM); Harmonisierte EN mit wesentlichen Anforderungen nach Artikel 3.2 R&TTE-Richtlinie für schnurlose CT1 und CT1+ Telefone	14.2.2001			Artikel 3 Absatz 2

(1)	(2)	(3)	(4)	(5)	(6)
ETSI	EN 301 797 V1.1.1 Elektromagnetische Verträglichkeit und Funkspektrumangelegenheiten (ERM); Harmonisierte EN mit wesentlichen Anforderungen nach Artikel 3.2 R&TTE-Richtlinie für schnurlose CT2 Telefone	14.2.2001			Artikel 3 Absatz 2
ETSI	EN 301 839-2 V1.3.1 Elektromagnetische Verträglichkeit und Funkspektrumangelegenheiten (ERM) — Funkanlagen mit geringer Reichweite (SRD) — Aktive medizinische Implantate mit sehr kleiner Leistung (ULP-AMI) und Zusatzgeräte (ULP-AMI-P), die im Frequenzbereich von 402 MHz bis 405 MHz arbeiten — Teil 2: Harmonisierte EN, die die wesentlichen Anforderungen nach Artikel 3.2 der R&TTE-Richtlinie enthält	10.8.2010	EN 301 839-2 V1.2.1 Anmerkung 2.1	Datum abgelaufen (30.6.2011)	Artikel 3 Absatz 2
ETSI	EN 301 841-3 V1.1.1 VHF-Luft-Boden-Digitalverbindung (VDL) Modus 2 — Technische Kennwerte und Messverfahren für bodengestützte Geräte — Teil 3: Harmonisierte EN, die die wesentlichen Anforderungen nach Artikel 3.2 der R&TTE-Richtlinie enthält	11.4.2012			Artikel 3 Absatz 2
ETSI	EN 301 841-3 V1.2.1 VHF-Bord-Boden-Digitalverbindung (VDL) Modus 2 — Technische Kennwerte und Messverfahren für bodengestützte Geräte — Teil 3: Harmonisierte EN, die die wesentliche Anforderungen nach Artikel 3.2 der R&TTE-Richtlinie enthält	Dies ist die erste Veröffentlichung	EN 301 841-3 V1.1.1 Anmerkung 2.1	31.1.2016	Artikel 3 Absatz 2
ETSI	EN 301 843-1 V1.3.1 Elektromagnetische Verträglichkeit und Funkspektrumangelegenheiten (ERM); Elektromagnetische Verträglichkeit (EMV) für Seefunkeinrichtungen und -dienste; Teil 1: Gemeinsame technische Anforderungen	23.10.2012	EN 301 843-1 V1.2.1 Anmerkung 2.1	Datum abgelaufen (31.5.2014)	Artikel 3, Absatz 1, Buchstabe b)

(1)	(2)	(3)	(4)	(5)	(6)
ETSI	EN 301 843-2 V1.2.1 Elektromagnetische Verträglichkeit und Funkspektrumangelegenheiten (ERM); Elektromagnetische Verträglichkeit (EMV) für Seefunkeinrichtungen und -dienste; Teil 2: Spezifische Bedingungen für Funktelefonsender und -empfänger	5.10.2005	EN 301 843-2 V1.1.1 Anmerkung 2.1	Datum abgelaufen (31.3.2006)	Artikel 3, Absatz 1, Buchstabe b)
ETSI	EN 301 843-4 V1.2.1 Elektromagnetische Verträglichkeit und Funkspektrumangelegenheiten (ERM); Elektromagnetische Verträglichkeit (EMV) für Seefunkeinrichtungen und -dienste; Teil 4: Spezifische Bedingungen für direkt druckende Schmalband-Funkempfänger (NBDP/NAVTEX)	5.10.2005	EN 301 843-4 V1.1.1 Anmerkung 2.1	Datum abgelaufen (31.3.2006)	Artikel 3, Absatz 1, Buchstabe b)
ETSI	EN 301 843-5 V1.1.1 Elektromagnetische Verträglichkeit und Funkspektrumangelegenheiten (ERM); Elektromagnetische Verträglichkeit (EMV) für Seefunkeinrichtungen und dienste; Teil 2: Spezifische Bedingungen für Mittel- und Kurzwellen-Funktelefonsender und -empfänger	5.10.2005			Artikel 3, Absatz 1, Buchstabe b)
ETSI	EN 301 843-6 V1.1.1 Elektromagnetische Verträglichkeit und Funkspektrumangelegenheiten (ERM); Elektromagnetische Verträglichkeit (EMV) für Seefunkeinrichtungen und -dienste; Teil 6: Spezifische Bedingungen für Erdfunkstellen an Bord von Wasserfahrzegen mit Betriebsfrequenzen oberhalb von 3 GHz	21.12.2006			Artikel 3, Absatz 1, Buchstabe b)
ETSI	EN 301 893 V1.7.1 Breitband-Funkzugangsnetze (BRAN) — 5-GHz-Hochleistungs-RLAN — Harmonisierte EN, die die wesentlichen Anforderungen nach Artikel 3.2 der R&TTE-Richtlinie enthält.	23.10.2012	EN 301 893 V1.6.1 Anmerkung 2.1	Datum abgelaufen (31.12.2014)	Artikel 3 Absatz 2
ETSI	EN 301 893 V1.8.1 Breitband-Funkzugangsnetze (BRAN) — 5-GHz-Hochleistungs-RLAN — Harmonisierte EN, die die wesentlichen Anforderungen nach Artikel 3.2 der R&TTE-Richtlinie enthält	Dies ist die erste Veröffentlichung	EN 301 893 V1.7.1 Anmerkung 2.1	31.12.2016	Artikel 3 Absatz 2

(1)	(2)	(3)	(4)	(5)	(6)
ETSI	EN 301 908-1 V6.2.1 IMT zellulare Netze — Harmonisierte EN die die wesentlichen Anforderungen nach Artikel 3.2 der R&TTE-Richtlinie enthält — Teil 1: Einleitung und gemeinsame Anforderungen	12.10.2013	EN 301 908-1 V5.2.1 Anmerkung 2.1	Datum abgelaufen (31.1.2015)	Artikel 3 Absatz 2
ETSI	EN 301 908-1 V7.1.1 IMT zellulare Netze — Harmonisierte EN die die wesentlichen Anforderungen nach Artikel 3.2 der R&TTE-Richtlinie enthält — Teil 1: Einleitung und gemeinsame Anforderungen	Dies ist die erste Veröffentlichung	EN 301 908-1 V6.2.1 Anmerkung 2.1	31.12.2016	Artikel 3 Absatz 2
ETSI	EN 301 908-10 V4.1.1 Elektromagnetische Verträglichkeit und Funkspektrumangelegenheiten (ERM) — Basisstationen (BS), Repeater und Endgeräte (UE) für IMT-2000, zellulare Netze der dritten Generation — Teil 10: Harmonisierte EN für IMT-2000, FDMA/TDMA (DECT), die die wesentlichen Anforderungen nach Artikel 3.2 der R&TTE-Richtlinie enthält	15.12.2009	EN 301 908-10 V2.1.1 Anmerkung 2.1	Datum abgelaufen (30.4.2011)	Artikel 3 Absatz 2
ETSI	EN 301 908-11 V5.2.1 IMT zellulare Netze — Harmonisierte EN, die die wesentlichen Anforderungen nach Artikel 3.2 der R&TTE-Richtlinie enthält — Teil 11: CDMA Direct Spread (UTRA FDD) Repeater	21.9.2011	EN 301 908-11 V4.2.1 Anmerkung 2.1	Datum abgelaufen (30.4.2013)	Artikel 3 Absatz 2
ETSI	EN 301 908-12 V4.2.1 Elektromagnetische Verträglichkeit und Funkspektrumangelegenheiten (ERM) — Basisstationen (BS), Repeater und Endgeräte (UE) für IMT-2000, zellulare Netze der dritten Generation — Teil 12: Harmonisierte EN für IMT-2000, CDMA Multi-Carrier (cdma2000) (Repeater), die die wesentlichen Anforderungen nach Artikel 3.2 der R&TTE-Richtlinie enthält	10.8.2010	EN 301 908-12 V3.1.1 Anmerkung 2.1	Datum abgelaufen (30.11.2011)	Artikel 3 Absatz 2
ETSI	EN 301 908-13 V5.2.1 IMT zellulare Netze — Harmonisierte EN die die wesentlichen Anforderungen nach Artikel 3.2 der R&TTE-Richtlinie enthält — Teil13: Weiterentwickelter universeller terrestrischer Funkzugang (E-UTRA) Endgeräte (UE)	11.4.2012	EN 301 908-13 V4.2.1 Anmerkung 2.1	Datum abgelaufen (31.1.2013)	Artikel 3 Absatz 2

(1)	(2)	(3)	(4)	(5)	(6)
ETSI	EN 301 908-13 V6.2.1 IMT zellulare Netze — Harmonisierte EN die die wesentlichen Anforderungen nach Artikel 3.2 der R&TTE-Richtlinie enthält — Teil 13: Weiterentwickelter universeller terrestrischer Funkzugang (E-UTRA) Endgeräte (UE)	12.9.2014	EN 301 908-13 V5.2.1 Anmerkung 2.1	31.7.2015	Artikel 3 Absatz 2
ETSI	EN 301 908-14 V5.2.1 IMT zellulare Netze — Harmonisierte EN die die wesentlichen Anforderungen nach Artikel 3.2 der R&TTE-Richtlinie enthält — Teil14: Weiterentwickelter universeller terrestrischer Funkzugang (E-UTRA) Basisstationen (BS)	11.4.2012	EN 301 908-14 V4.2.1 Anmerkung 2.1	Datum abgelaufen (31.1.2013)	Artikel 3 Absatz 2
ETSI	EN 301 908-14 V6.2.1 IMT zellulare Netze — Harmonisierte EN die die wesentlichen Anforderungen nach Artikel 3.2 der R&TTE-Richtlinie enthält — Teil 14: Weiterentwickelter universeller terrestrischer Funkzugang (E-UTRA) Basisstationen (BS)	12.9.2014	EN 301 908-14 V5.2.1 Anmerkung 2.1	31.7.2015	Artikel 3 Absatz 2
ETSI	EN 301 908-15 V5.2.1 IMT zellulare Netze — Harmonisierte EN), die die wesentlichen Anforderungen nach Artikel 3.2 der R&TTE-Richtlinie enthält — Teil 15: Weiterentwickelter universeller terrestrischer Funkzugang (E-UTRA FDD) Repeater	21.9.2011	EN 301 908-15 V4.2.1 Anmerkung 2.1	Datum abgelaufen (30.4.2013)	Artikel 3 Absatz 2
ETSI	EN 301 908-16 V4.2.1 Elektromagnetische Verträglichkeit und Funkspektrumangelegenheiten (ERM) — Basisstationen (BS), Repeater und Endgeräte (UE) für IMT-2000, zellulare Netze der dritten Generation — Teil 16: Harmonisierte EN für IMT-2000, weiterentwickeltes CDMA Multi-Carrier Ultra Mobile Broadband (UMB) (UE), die die wesentlichen Anforderungen nach Artikel 3.2 der R&TTE-Richtlinie enthält	10.8.2010			Artikel 3 Absatz 2

(1)	(2)	(3)	(4)	(5)	(6)
ETSI	EN 301 908-17 V4.2.1 Elektromagnetische Verträglichkeit und Funkspektrumangelegenheiten (ERM) — Basisstationen (BS), Repeater und Endgeräte (UE) für IMT-2000, zellulare Netze der dritten Generation — Teil 17: Harmonisierte EN für IMT-2000, weiterentwickeltes CDMA Multi-Carrier Ultra Mobile Broadband (UMB) (BS), die die wesentlichen Anforderungen nach Artikel 3.2 der R&TTE-Richtlinie enthält	10.8.2010			Artikel 3 Absatz 2
ETSI	EN 301 908-18 V6.2.1 IMT zellulare Netze — Harmonisierte EN, die die wesentlichen Anforderungen nach Artikel 3.2 der R&TTE-Richtlinie enthält — Teil 18: E-UTRA, UTRA, GSM/EDGE Multi-Standard-Funk-Basisstationen (MSR BS)	12.10.2013	EN 301 908-18 V5.2.1 Anmerkung 2.1	Datum abgelaufen (31.8.2014)	Artikel 3 Absatz 2
ETSI	EN 301 908-18 V7.1.2 IMT zellulare Netze — Harmonisierte EN, die die wesentlichen Anforderungen nach Artikel 3.2 der R&TTE-Richtlinie enthält — Teil 18: E-UTRA, UTRA, GSM/EDGE Multi-Standard-Funk-Basisstationen (MSR BS)	12.9.2014	EN 301 908-18 V6.2.1 Anmerkung 2.1	31.3.2016	Artikel 3 Absatz 2
ETSI	EN 301 908-19 V6.2.1 IMT zellulare Netze — Harmonisierte EN die die wesentlichen Anforderungen nach Artikel 3.2 der R&TTE-Richtlinie enthält — Teil 19: OFDMA TDD WMAN (Mobile WiMAX) TDD Endgeräte (UE)	12.10.2013	EN 301 908-19 V5.2.1 Anmerkung 2.1	Datum abgelaufen (31.3.2015)	Artikel 3 Absatz 2
ETSI	EN 301 908-2 V5.4.1 IMT zellulare Netze — Harmonisierte EN, die die wesentlichen Anforderungen nach Artikel 3.2 der R&TTE-Richtlinie enthält — Teil 2: CDMA Direct Spread (UTRA FDD) Endgeräte (UE)	12.10.2013	EN 301 908-2 V5.2.1 Anmerkung 2.1	Datum abgelaufen (30.9.2014)	Artikel 3 Absatz 2
ETSI	EN 301 908-2 V6.2.1 IMT zellulare Netze — Harmonisierte EN, die die wesentlichen Anforderungen nach Artikel 3.2 der R&TTE-Richtlinie enthält — Teil 2: CDMA Direct Spread (UTRA FDD) Endgeräte (UE)	12.9.2014	EN 301 908-2 V5.4.1 Anmerkung 2.1	31.7.2015	Artikel 3 Absatz 2

(1)	(2)	(3)	(4)	(5)	(6)
ETSI	EN 301 908-20 V6.2.1 IMT zellulare Netze — Harmonisierte EN die die wesentlichen Anforderungen nach Artikel 3.2 der R&TTE-Richtlinie enthält — Teil 20: OFDMA TDD WMAN (Mobile WiMAX) TDD Basisstationen (BS)	12.10.2013	EN 301 908-20 V5.2.1 Anmerkung 2.1	Datum abgelaufen (30.9.2014)	Artikel 3 Absatz 2
ETSI	EN 301 908-21 V5.2.1 IMT Mobilfunknetz zellulare Netze — Harmonisierte EN die die wesentlichen Anforderungen nach Artikel 3.2 der R&TTE-Richtlinie enthält — Teil 21: OFDMA TDD WMAN (Mobile WiMAX) FDD Endgerät (UE)	11.4.2012			Artikel 3 Absatz 2
ETSI	EN 301 908-22 V5.2.1 IMT Mobilfunknetz zellulare Netze — Harmonisierte EN die die wesentlichen Anforderungen nach Artikel 3.2 der R&TTE-Richtlinie enthält — Teil 22: OFDMA TDD WMAN (Mobile WiMAX) FDD Basisstationen (BS)	11.4.2012			Artikel 3 Absatz 2
ETSI	EN 301 908-3 V5.2.1 IMT zellulare Netze — Harmonisierte EN, die die wesentlichen Anforderungen nach Artikel 3.2 der R&TTE-Richtlinie enthält — Teil 3: CDMA Direct Spread (UTRA FDD) Basisstationen (BS)	21.9.2011	EN 301 908-3 V4.2.1 Anmerkung 2.1	Datum abgelaufen (30.4.2013)	Artikel 3 Absatz 2
ETSI	EN 301 908-3 V6.2.1 IMT zellulare Netze — Harmonisierte EN, die die wesentlichen Anforderungen nach Artikel 3.2 der R&TTE-Richtlinie enthält — Teil 3: CDMA Direct Spread (UTRA FDD) Basisstationen (BS)	12.9.2014	EN 301 908-3 V5.2.1 Anmerkung 2.1	31.7.2015	Artikel 3 Absatz 2
ETSI	EN 301 908-4 V6.2.1 IMT zellulare Netze — Harmonisierte EN die die wesentlichen Anforderungen nach Artikel 3.2 der R&TTE-Richtlinie enthält — Teil 4: CDMA Multi-Carrier (cdma2000) Endgeräte (UE)	12.10.2013	EN 301 908-4 V5.2.1 Anmerkung 2.1	Datum abgelaufen (31.3.2015)	Artikel 3 Absatz 2

(1)	(2)	(3)	(4)	(5)	(6)
ETSI	EN 301 908-5 V5.2.1 IMT Mobilfunknetz zellulare Netze — Harmonisierte EN die die wesentlichen Anforderungen nach Artikel 3.2 der R&TTE-Richtlinie enthält — Teil 5: CDMA Multi-Carrier (cdma2000) Basisstationen (BS)	11.4.2012	EN 301 908-5 V4.2.1 Anmerkung 2.1	Datum abgelaufen (30.6.2013)	Artikel 3 Absatz 2
ETSI	EN 301 908-6 V5.2.1 IMT zellulare Netze — Harmonisierte EN, die die wesentlichen Anforderungen nach Artikel 3.2 der R&TTE-Richtlinie enthält — Teil 6: CDMA TDD (UTRA TDD) Endgeräte (UE)	21.9.2011	EN 301 908-6 V4.2.1 Anmerkung 2.1	Datum abgelaufen (30.4.2013)	Artikel 3 Absatz 2
ETSI	EN 301 908-7 V5.2.1 IMT zellulare Netze — Harmonisierte EN, die die wesentlichen Anforderungen nach Artikel 3.2 der R&TTE-Richtlinie enthält — Teil 7: CDMA TDD (UTRA TDD) Basisstationen (BS)	21.9.2011	EN 301 908-7 V4.2.1 Anmerkung 2.1	Datum abgelaufen (30.4.2013)	Artikel 3 Absatz 2
ETSI	EN 301 908-8 V1.1.1 Elektromagnetische Verträglichkeit und Funkspektrumsachen (ERM); EN 301 908?8: Feststationen (BS) und Einrichtungen für den Nutzer (UE) für digitale zellulare IMT-2000 Funknetze der 3. Generation, Teil 8: Harmonisierte Norm für IMT-2000, Einfach geträgerte TDMA-Einrichtungen (UWC 136) für den Nutzer (UE) mit wesentlichen Anforderungen nach R&TTE-Richtlinie Artikel 3.2	9.3.2002			Artikel 3 Absatz 2
ETSI	EN 301 908-9 V1.1.1 Elektromagnetische Verträglichkeit und Funkspektrumsachen (ERM); Feststationen (BS) und Einrichtungen für den Nutzer (UE) für digitale zellulare IMT-2000 Funknetze der 3. Generation, Teil 9: Harmonisierte Norm für IMT-2000, Einfach geträgerte TDMA (UWC 136) Feststationen (BS) mit wesentlichen Anforderungen nach R&TTE-Richtlinie Artikel 3.2	9.3.2002			Artikel 3 Absatz 2

(1)	(2)	(3)	(4)	(5)	(6)
ETSI	EN 301 929-2 V1.2.1 Elektromagnetische Verträglichkeit und Funkspektrumangelegenheiten (ERM); VHF-Sender und -Empfänger für Küstenfunkstellen für GMDSS und andere Anwendungen im mobilen Seefunkdienst; Teil 2: Harmonisierte Europäische Norm (EN) nach R&TTE-Richtlinie Artikel 3.2	25.9.2007	EN 301 929-2 V1.1.1 Anmerkung 2.1	Datum abgelaufen (30.11.2008)	Artikel 3 Absatz 2
ETSI	EN 301 997-2 V1.1.1 Übertragungs- und Multiplextechnik (TM); Mehrpunkt-Systeme; Funkanlagen für die Nutzung in drahtlosen Multimedia Systemen im Frequenzband 40,5 GHz - 42,5 GHz; Teil 2: Harmonisierte Europäische Norm (EN) für die grundlegenden Anforderungen des Artikels 3.2 der Funk- und Telekommunikationsendgerätedirektive (R&TTE Directive)	30.4.2004			Artikel 3 Absatz 2
ETSI	EN 302 017-2 V1.1.1 Elektromagnetische Verträglichkeit und Funkspektrumangelegenheiten (ERM); Sendertechnische Einrichtungen für den amplitudenmodulierten Ton-Rundfunkdienst (AM); Teil 2: Harmonisierte EN nach Artikel 3.2 der R&TTE-Richtlinie	24.8.2006			Artikel 3 Absatz 2
ETSI	EN 302 018-2 V1.2.1 Elektromagnetische Verträglichkeit und Funkspektrumsachen (ERM); Sendertechnische Einrichtungen für den frequenzmodulierten Ton-Rundfunkdienst (FM); Teil 2: Harmonisierte EN nach Artikel 3.2 der R&TTE Richtlinie	24.8.2006	EN 302 018-2 V1.1.1 Anmerkung 2.1	Datum abgelaufen (30.11.2007)	Artikel 3 Absatz 2
ETSI	EN 302 054-2 V1.1.1 Elektromagnetische Verträglichkeit und Funkspektrumsachen (ERM); Wetterhilfenfunk; Radiosonden im Frequenzbereich von 400,15 MHz bis 406 MHz mit maximaler Strahlungsleistung von 200 mW; Teil 2: Harmonisierte Europäische Norm mit den wesentlichen Anforderungen gemäß Artikel 3.2 der R&TTE Direktive	12.11.2003			Artikel 3 Absatz 2

(1)	(2)	(3)	(4)	(5)	(6)
ETSI	EN 302 064-2 V1.1.1 Elektromagnetische Verträglichkeit und Funkspektrumangelegenheiten (ERM) — Drahtlose Videoverbindungen (WVL), die im Frequenzband von 1,3 GHz bis 50 GHz arbeiten — Teil 2: Harmonisierte EN nach Artikel 3.2 der R&TTE-Richtlinie	21.12.2006			Artikel 3 Absatz 2
ETSI	EN 302 065 V1.2.1 Elektromagnetische Verträglichkeit und Funkspektrumangelegenheiten (ERM) — Funkanlagen mit geringer Reichweite (SRD), die Ultraweitbandtechniken (UWB) für Kommunikationszwecke verwenden — Harmonisierte EN, die die wesentlichen Anforderungen nach Artikel 3.2 der R&TTE-Richtlinie enthält	29.12.2010	EN 302 065 V1.1.1 Anmerkung 2.1	Datum abgelaufen (30.6.2012)	Artikel 3 Absatz 2
ETSI	EN 302 065-1 V1.3.1 Elektromagnetische Verträglichkeit und Funkspektrumangelegenheiten (ERM) — Funkanlagen mit geringer Reichweite (SRD), die Ultraweitbandtechniken (UWB) verwenden — Harmonisierte EN, die die wesentlichen Anforderungen nach Artikel 3.2 der R&TTE-Richtlinie enthält — Teil 1: Allgemeine Anforderungen an UWB-Anwendungen	12.9.2014	EN 302 065 V1.2.1 Anmerkung 2.1	31.1.2016	Artikel 3 Absatz 2
ETSI	EN 302 065-2 V1.1.1 Elektromagnetische Verträglichkeit und Funkspektrumangelegenheiten (ERM) — Funkanlagen mit geringer Reichweite (SRD), die Ultraweitbandtechniken (UWB) verwenden — Harmonisierte EN, die die wesentlichen Anforderungen nach Artikel 3.2 der R&TTE-Richtlinie enthält — Teil 2: Anforderungen für UWB-Geräte und Systeme an Lokalisierungsanwendungen	12.9.2014			Artikel 3 Absatz 2
ETSI	EN 302 065-3 V1.1.1 Elektromagnetische Verträglichkeit und Funkspektrumangelegenheiten (ERM) — Funkanlagen mit geringer Reichweite (SRD), die Ultraweitbandtechniken (UWB) verwenden — Harmonisierte EN, die die wesentlichen Anforderungen nach Artikel 3.2 der R&TTE-Richtlinie enthält — Teil 3: Anforderungen an UWB-Geräte für Straßen- und Bahnfahrzeuge	12.9.2014			Artikel 3 Absatz 2

(1)	(2)	(3)	(4)	(5)	(6)
ETSI	EN 302 066-2 V1.2.1 Elektromagnetische Verträglichkeit und Funkspektrumangelegenheiten (ERM) — Funkanlagen mit geringer Reichweite (SRD) — Boden- und wandsondierende Radaranwendungen — Teil 2: Harmonisierte EN, die wesentliche Anforderungen nach Artikel 3.2 der R&TTE-Richtlinie enthält	4.11.2008	EN 302 066-2 V1.1.1 Anmerkung 2.1	Datum abgelaufen (30.11.2009)	Artikel 3 Absatz 2
ETSI	EN 302 077-2 V1.1.1 Elektromagnetische Verträglichkeit und Funkspektrumangelegenheiten (ERM); Sendertechnische Einrichtungen für den terrestrischen digitalen Ton-Rundfunkdienst (T-DAB); Teil 2: Harmonisierte EN nach Artikel 3.2 der R&TTE-Richtlinie	5.10.2005			Artikel 3 Absatz 2
ETSI	EN 302 186 V1.1.1 Satellitenbodenstationen und systeme (SES); Harmonisierte EN mit den wesentlichen Anforderungen nach Artikel 3 Absatz 2 R&TTE Richtlinie für mobile Erdfunkstellen der Luftfahrt (AES), die in den Frequenzbänder 11/12/14 GHz arbeiten	30.4.2004			Artikel 3 Absatz 2
ETSI	EN 302 194-2 V1.1.2 Elektromagnetische Verträglichkeit und Funkspektrumangelegenheiten (ERM) — Navigationsradar zur Verwendung auf Binnenwasserstraßen — Teil 2: Harmonisierte EN, die wesentliche Anforderungen nach Artikel 3.2 der R&TTE-Richtlinie enthält	3.6.2008			Artikel 3 Absatz 2
ETSI	EN 302 195-2 V1.1.1 Elektromagnetische Verträglichkeit und Funkspektrumangelegenheiten (ERM) — Funkgeräte im Frequenzbereich von 9 kHz bis 315 kHz für aktive medizinische Implantate mit sehr kleiner Leistung (ULP-AMI) und Zubehör — Teil 2: Harmonisierte EN, die wesentliche Anforderungen nach Artikel 3.2 der R&TTE-Richtlinie enthält	5.10.2005			Artikel 3 Absatz 2

(1)	(2)	(3)	(4)	(5)	(6)
ETSI	EN 302 208-2 V1.4.1 Elektromagnetische Verträglichkeit und Funkspektrumangelegenheiten (ERM) — Funkfrequenz-Identifikationsgeräte zum Betrieb im Frequenzband von 865 MHz bis 868 MHz mit Leistungspegeln bis 2 W — Teil 2: Harmonisierte EN, die die wesentlichen Anforderungen nach Artikel 3.2 der R&TTE-Richtlinie enthält	11.4.2012	EN 302 208-2 V1.3.1 Anmerkung 2.1	Datum abgelaufen (31.8.2013)	Artikel 3 Absatz 2
ETSI	EN 302 208-2 V2.1.1 Elektromagnetische Verträglichkeit und Funkspektrumangelegenheiten (ERM) — Funkfrequenz-Identifikationsgeräte zum Betrieb im Frequenzband von 865 MHz bis 868 MHz mit Leistungspegeln bis 2 W und im Frequenzband von 915 MHz bis 921 MHz mit Leistungspegeln bis 4 W — Teil 2: Harmonisierte EN, die die wesentlichen Anforderungen nach Artikel 3.2 der R&TTE-Richtlinie enthält	17.4.2015	EN 302 208-2 V1.4.1 Anmerkung 2.1	30.11.2016	Artikel 3 Absatz 2
ETSI	EN 302 217-2-2 V2.1.1 Feste Funksysteme — Kennwerte und Anforderungen für Punkt-zu-Punkt-Einrichtungen und -Antennen — Teil 2-2: Digitale Systeme zum Betrieb in Frequenzbändern, in denen Frequenzkoordinierung angewendet wird — Harmonisierte EN, die die wesentlichen Anforderungen nach Artikel 3.2 der R&TTE-Richtlinie enthält	12.10.2013	EN 302 217-2-2 V1.4.1 Anmerkung 2.1	Datum abgelaufen (31.3.2015)	Artikel 3 Absatz 2
ETSI	EN 302 217-2-2 V2.2.1 Feste Funksysteme — Kennwerte und Anforderungen für Punkt-zu-Punkt-Einrichtungen und -Antennen — Teil 2-2: Digitale Systeme zum Betrieb in Frequenzbändern, in denen Frequenzkoordinierung angewendet wird — Harmonisierte EN, die die wesentlichen Anforderungen nach Artikel 3.2 der R&TTE-Richtlinie enthält	12.9.2014	EN 302 217-2-2 V2.1.1 Anmerkung 2.1	31.12.2015	Artikel 3 Absatz 2

(1)	(2)	(3)	(4)	(5)	(6)
ETSI	EN 302 217-3 V2.1.1 Feste Funksysteme — Kennwerte und Anforderungen für Punkt-zu-Punkt-Einrichtungen und -Antennen — Teil 3: Einrichtungen zum Betrieb in Frequenzbändern, in denen frequenzkoordinierter oder nichtkoordinierter Einsatz zur Anwendung kommen könnte — Harmonisierte EN, die die wesentlichen Anforderungen nach Artikel 3.2 der R&TTE-Richtlinie enthält	12.10.2013	EN 302 217-3 V1.3.1 Anmerkung 2.1	Datum abgelaufen (31.3.2015)	Artikel 3 Absatz 2
ETSI	EN 302 217-3 V2.2.1 Feste Funksysteme — Kennwerte und Anforderungen für Punkt-zu-Punkt-Einrichtungen und -Antennen — Teil 3: Einrichtungen zum Betrieb in Frequenzbändern, in denen frequenzkoordinierter oder nichtkoordinierter Einsatz zur Anwendung kommen könnte — Harmonisierte EN, die die wesentlichen Anforderungen nach Artikel 3.2 der R&TTE-Richtlinie enthält	12.9.2014	EN 302 217-3 V2.1.1 Anmerkung 2.1	31.12.2015	Artikel 3 Absatz 2
ETSI	EN 302 217-4-2 V1.5.1 Feste Funksysteme — Kennwerte und Anforderungen für Punkt-zu-Punkt-Einrichtungen und -Antennen — Teil 4-2: Antennen — Harmonisierte EN, die die wesentlichen Anforderungen nach Artikel 3.2 der R&TTE-Richtlinie enthält	10.8.2010	EN 302 217-4-2 V1.4.1 Anmerkung 2.1	Datum abgelaufen (31.10.2011)	Artikel 3 Absatz 2
ETSI	EN 302 245-2 V1.1.1 Elektromagnetische Verträglichkeit und Funkspektrumangelegenheiten (ERM); Sendertechnische Einrichtungen für den Digital Radio Mondiale (DRM) Rundfunkdienst; Teil 2: Harmonisierte EN nach Artikel 3.2 der R&TTE Richtlinie	5.10.2005			Artikel 3 Absatz 2
ETSI	EN 302 248 V1.1.2 Elektromagnetische Verträglichkeit und Funkspektrumangelegenheiten (ERM) — Navigationsradar zur Verwendung auf Nicht-SOLAS-Schiffen — Harmonisierte EN, die wesentliche Anforderungen nach Artikel 3.2 der R&TTE-Richtlinie enthält	15.12.2009			Artikel 3 Absatz 2

(1)	(2)	(3)	(4)	(5)	(6)
ETSI	EN 302 248 V1.2.1 Elektromagnetische Verträglichkeit und Funkspektrumangelegenheiten (ERM) — Navigationsradar zur Verwendung auf Nicht-SOLAS-Schiffen — Harmonisierte EN, die die wesentlichen Anforderungen nach Artikel 3.2 der R&TTE-Richtlinie enthält	12.9.2014	EN 302 248 V1.1.2 Anmerkung 2.1	31.8.2015	Artikel 3 Absatz 2
ETSI	EN 302 264-2 V1.1.1 Elektromagnetische Verträglichkeit und Funkspektrumangelegenheiten (ERM) — Funkanlagen mit geringer Reichweite — Straßenstransport- und Verkehrstelematik (RTTT) — Radargeräte mit geringer Reichweite, die im Bereich 77 GHz bis 81 GHz arbeiten — Teil 2: Harmonisierte EN, die die wesentlichen Anforderungen nach Artikel 3.2 der R&TTE-Richtlinie enthält	15.12.2009			Artikel 3 Absatz 2
ETSI	EN 302 288-2 V1.6.1 Elektromagnetische Verträglichkeit und Funkspektrumangelegenheiten (ERM); Funkanlagen mit geringer Reichweite; Straßentransport- und Verkehrstelematik (RTTT); Radargeräte mit geringer Reichweite, die im Bereich 24 GHz arbeiten; Teil 2: Harmonisierte EN, die wesentliche Anforderungen nach Artikel 3.2 der R&TTE-Richtlinie enthält	23.10.2012	EN 302 288-2 V1.3.2 Anmerkung 2.1	Datum abgelaufen (31.12.2013)	Artikel 3 Absatz 2
ETSI	EN 302 291-2 V1.1.1 Elektromagnetische Verträglichkeit und Funkspektrumangelegenheiten (ERM) — Funkanlagen mit geringer Reichweite (SRD) — Induktive Datenkommunikationsgeräte für den Nahbereich zum Betrieb bei 13,56 MHz — Teil 2: Harmonisierte EN nach Artikel 3.2 der R&TTE-Richtlinie	24.8.2006			Artikel 3 Absatz 2
ETSI	EN 302 296-2 V1.2.1 Elektromagnetische Verträglichkeit und Funkspektrumangelegenheiten (ERM) — Sendertechnische Einrichtungen für den terrestrischen digitalen Fernseh-Rundfunkdienst (DVB-T) — Teil 2: Harmonisierte EN, die die wesentlichen Anforderungen nach Artikel 3.2 der R&TTE-Richtlinie enthält	21.9.2011	EN 302 296 V1.1.1 Anmerkung 2.1	Datum abgelaufen (28.2.2013)	Artikel 3 Absatz 2

(1)	(2)	(3)	(4)	(5)	(6)
ETSI	EN 302 297 V1.1.1 Elektromagnetische Verträglichkeit und Funkspektrumangelegenheiten (ERM); Sendertechnische Einrichtungen für den analogen Fernseh-Rundfunkdienst; Harmonisierte EN nach Artikel 3.2 der R&TTE-Richtlinie	5.10.2005			Artikel 3 Absatz 2
ETSI	EN 302 326-2 V1.2.2 Feste Funksysteme — Mehrpunkt-Einrichtungen und -Antennen — Teil 2: Harmonisierte EN, die wesentliche Anforderungen nach Artikel 3.2 der R&TTE Direktive für Digitale Mehrpunkt Richtfunk Geräte	25.9.2007	EN 302 326-2 V1.1.2 Anmerkung 2.1	Datum abgelaufen (31.3.2009)	Artikel 3 Absatz 2
ETSI	EN 302 326-3 V1.3.1 Feste Funksysteme — Mehrpunkt-Einrichtungen und -Antennen — Teil 3: Harmonisierte EN, die wesentliche Anforderungen nach Artikel 3.2 der R&TTE-Richtlinie für Mehrpunkt-Funkantennen enthält	4.11.2008	EN 302 326-3 V1.2.2 Anmerkung 2.1	Datum abgelaufen (31.10.2009)	Artikel 3 Absatz 2
ETSI	EN 302 340 V1.1.1 Satelliten-Erdfunkstellen und -systeme (SES); Harmonisierte EN für Erdfunkstellen an Bord von Schiffen (ESVs) zum Betrieb in den Frequenzbändern 11/12/14 GHz des Festen Funkdienstes über Satelliten (FSS), die wesentliche Anforderungen nach Artikel 3.2 der R&TTE-Richtlinie enthält	24.8.2006			Artikel 3 Absatz 2
ETSI	EN 302 372-2 V1.2.1 Elektromagnetische Verträglichkeit und Funkspektrumangelegenheiten (ERM) — Funkanlagen mit geringer Reichweite (SRD) — Einrichtung zur Erfassung von Bewegungen — Radar zur Sondierung des Füllstands von Tanks (TLPR), das in den Frequenzbändern 5,8 GHz, 10 GHz, 25 GHz, 61 GHz und 77 GHz arbeitet — Teil 2: Harmonisierte EN, die die wesentlichen Anforderungen nach Artikel 3.2 der R&TTE-Richtlinie enthält	15.4.2011	EN 302 372-2 V1.1.1 Anmerkung 2.1	Datum abgelaufen (30.11.2012)	Artikel 3 Absatz 2

(1)	(2)	(3)	(4)	(5)	(6)
ETSI	EN 302 426 V1.1.1 Elektromagnetische Verträglichkeit und Funkspektrumangelegenheiten (ERM) Harmonisierte EN für CDMA Spread spectrum Repeaters zum Betrieb im 450 MHz Zellularband (CDMA 450) und in den 410 , 450 und 870 MHz PAMR Bändern (CDMA PAMR), die wesentliche Anforderungen nach Artikel 3.2 der R&TTE Richtlinie enthält	21.12.2006			Artikel 3 Absatz 2
ETSI	EN 302 435-2 V1.3.1 Elektromagnetische Verträglichkeit und Funkspektrumangelegenheiten (ERM) — Funkanlagen mit geringer Reichweite (SRD) — Technische Kennwerte für SRD-Einrichtungen, die Ultraweitbandtechnik (UWB) verwenden — Anwendungen für Geräte zur Baumaterialanalyse und Klassifizierung, die im Frequenzband von 2,2 GHz bis 8,5 GHz arbeiten — Teil 2: Harmonisierte EN, die die wesentlichen Anforderungen nach Artikel 3.2 der R&TTE-Richtlinie enthält	10.8.2010	EN 302 435-2 V1.2.1 Anmerkung 2.1	Datum abgelaufen (30.9.2011)	Artikel 3 Absatz 2
ETSI	EN 302 448 V1.1.1 Satelliten-Erdfunkstellen und -systeme (SES) — Harmonisierte EN für nachführende Erdfunkstellen auf Zügen (ESTs) zum Betrieb in den Frequenzbändern 14/12 GHz, die wesentliche Anforderungen nach Artikel 3.2 der R&TTE-Richtlinie enthält	4.11.2008			Artikel 3 Absatz 2
ETSI	EN 302 454-2 V1.1.1 Elektromagnetische Verträglichkeit und Funkspektrumangelegenheiten (ERM) — Meteorologische Hilfen (Met Aids) — Funksonden zur Verwendung im Frequenzbereich 1 668,4 MHz bis 1 690 MHz — Teil 2: Harmonisierte EN, die wesentliche Anforderungen nach Artikel 3.2 der R&TTE-Richtlinie enthält	25.9.2007			Artikel 3 Absatz 2
ETSI	EN 302 480 V1.1.2 Elektromagnetische Vertrglichkeit und Funkspektrumangelegenheiten (ERM) — Harmonisierte EN fr das System GSM an Bord von Flugzeugen, die wesentliche Anforderungen nach Artikel 3.2 der R&TTE-Richtlinie enthält	4.11.2008			Artikel 3 Absatz 2

(1)	(2)	(3)	(4)	(5)	(6)
ETSI	EN 302 498-2 V1.1.1 Elektromagnetische Verträglichkeit und Funkspektrumangelegenheiten (ERM) — Funkanlagen mit geringer Reichweite (SRD) — Technische Kennwerte für SRD-Einrichtungen, die Ultraweitbandtechnik (UWB) verwenden — Objektunterscheidungs- und Beschreibungsanwendungen für Elektrowerkzeuge, die im Frequenzband von 2,2 GHz bis 8,5 GHz arbeiten — Teil 2: Harmonisierte EN, die die wesentlichen Anforderungen nach Artikel 3.2 der R&TTE-Richtlinie enthält	10.8.2010			Artikel 3 Absatz 2
ETSI	EN 302 500-2 V2.1.1 Elektromagnetische Verträglichkeit und Funkspektrumangelegenheiten (ERM) — Funkanlagen mit geringer Reichweite (SRD), die Ultraweitbandtechnik (UWB) verwenden — Geräte zur Ortsverfolgung, die im Frequenzbereich von 6 GHz bis 9 GHz arbeiten — Teil 2: Harmonisierte EN, die die wesentlichen Anforderungen nach Artikel 3.2 der R&TTE-Richtlinie enthält	29.12.2010	EN 302 500-2 V1.2.1 Anmerkung 2.1	Datum abgelaufen (31.7.2012)	Artikel 3 Absatz 2
ETSI	EN 302 502 V1.2.1 Breitband-Funkzugangsnetze (BRAN) — Festinstallierte breitbandige Datenübertragungssysteme im 5,8-GHz-Band — Harmonisierte EN, die die wesentlichen Anforderungen nach Artikel 3.2 der R&TTE-Richtlinie enthält	4.11.2008	EN 302 502 V1.1.1 Anmerkung 2.1	Datum abgelaufen (31.3.2010)	Artikel 3 Absatz 2
ETSI	EN 302 510-2 V1.1.1 Elektromagnetische Verträglichkeit und Funkspektrumangelegenheiten (ERM) — Funkanlagen mit geringer Reichweite (SRD) — Funkgeräte im Frequenzbereich von 30 MHz bis 37,5 MHz für aktive medizinische Membranimplantate mit sehr kleiner Leistung und Zubehör — Teil 2: Harmonisierte EN, die wesentliche Anforderungen nach Artikel 3.2 der R&TTE-Richtlinie enthält	3.6.2008			Artikel 3 Absatz 2
ETSI	EN 302 536-2 V1.1.1 Elektromagnetische Verträglichkeit und Funkspektrumangelegenheiten (ERM) — Funkanlagen mit geringer Reichweite (SRD) — Funkgeräte im Frequenzbereich von 315 kHz bis 600 kHz — Teil 2: Harmonisierte EN, die wesentliche Anforderungen nach Artikel 3.2 der R&TTE-Richtlinie enthält	25.9.2007			Artikel 3 Absatz 2

(1)	(2)	(3)	(4)	(5)	(6)
ETSI	EN 302 537-2 V1.1.2 Elektromagnetische Verträglichkeit und Funkspektrumangelegenheiten (ERM) — Funkanlagen mit geringer Reichweite (SRD) — Medizinische Datendienstsysteme mit sehr kleiner Leistung, die im Frequenzbereich von 401 MHz bis 402 MHz und von 405 MHz bis 406 MHz arbeiten — Teil 2: Harmonisierte EN, die wesentliche Anforderungen nach Artikel 3.2 der R&TTE-Richtlinie enthält	4.11.2008			Artikel 3 Absatz 2
ETSI	EN 302 544-1 V1.1.2 Breitband-Datenübertragungssysteme zum Betrieb im Frequenzband von 2 500 MHz bis 2 690 MHz — Teil 1: TDD-Basisstationen — Harmonisierte EN, die die wesentlichen Anforderungen nach Artikel 3.2 der R&TTE-Richtlinie enthält	10.8.2010	EN 302 544-1 V1.1.1 Anmerkung 2.1	Datum abgelaufen (30.9.2011)	Artikel 3 Absatz 2
ETSI	EN 302 544-2 V1.1.1 Breitband-Datenübertragungssysteme zum Betrieb im Frequenzband von 2 500 MHz bis 2 690 MHz — Teil 2: TDD-Benutzergerätestationen — Harmonisierte EN, die die wesentlichen Anforderungen nach Artikel 3.2 der R&TTE-Richtlinie enthält	15.12.2009	EN 301 908-19 V6.2.1 Anmerkung 2.1		Artikel 3 Absatz 2
ETSI	EN 302 561 V1.2.1 Elektromagnetische Verträglichkeit und Funkspektrumangelegenheiten (ERM) — Mobiler Landfunkdienst — Funkgeräte, die konstante oder nicht konstante Hüllkurvenmodulation verwenden und in einer Kanalbandbreite von 25 kHz, 50 kHz, 100 kHz oder 150 kHz arbeiten — Harmonisierte EN, die die wesentlichen Anforderungen nach Artikel 3.2 der R&TTE-Richtlinie enthält	10.8.2010	EN 302 561 V1.1.1 Anmerkung 2.1	Datum abgelaufen (31.8.2011)	Artikel 3 Absatz 2
ETSI	EN 302 561 V1.3.2 Elektromagnetische Verträglichkeit und Funkspektrumangelegenheiten (ERM) — Mobiler Landfunkdienst — Funkgeräte, die konstante oder nicht konstante Hüllkurvenmodulation verwenden und in einer Kanalbandbreite von 25 kHz, 50 kHz, 100 kHz oder 150 kHz arbeiten — Harmonisierte EN, die die wesentlichen Anforderungen nach Artikel 3.2 der R&TTE-Richtlinie enthält	17.4.2015	EN 302 561 V1.2.1 Anmerkung 2.1	30.6.2016	Artikel 3 Absatz 2

(1)	(2)	(3)	(4)	(5)	(6)
ETSI	EN 302 567 V1.2.1 Breitband-Funkzugangsnetze (BRAN) — Multiple-Gigabit-WAS/RLAN-Systeme im 60-GHz-Bereich — Harmonisierte EN, die die wesentlichen Anforderungen nach Artikel 3.2 der R&TTE-Richtlinie enthält	11.4.2012	EN 302 567 V1.1.1 Anmerkung 2.1	Datum abgelaufen (31.10.2013)	Artikel 3 Absatz 2
ETSI	EN 302 571 V1.2.1 Intelligente Transportsysteme (ITS) — Funkkommunikationsgerte zum Betrieb im Frequenzband 5 855 MHz bis 5 925 MHz — Harmonisierte EN, die wesentliche Anforderungen nach Artikel 3.2 der R&TTE-Richtlinie enthält	12.9.2014	EN 302 571 V1.1.1 Anmerkung 2.1	Datum abgelaufen (31.5.2015)	Artikel 3 Absatz 2
ETSI	EN 302 574-1 V1.1.1 Satelliten-Erdfunkstellen und -systeme (SES) — Harmonisierte Norm für Satellitenerdfunkstellen für MSS zum Betrieb in den Frequenzbändern 1 980 MHz bis 2 010 MHz (Erde — Weltraum) und 2 170 MHz bis 2 200 MHz (Weltraum — Erde) — Teil 1: Ergänzende Bodenkomponenten (CGC) für Weitbandsysteme: Harmonisierte EN, die die wesentlichen Anforderungen nach Artikel 3.2 der R&TTE-Richtlinie enthält	29.12.2010			Artikel 3 Absatz 2
ETSI	EN 302 574-2 V1.1.1 Satelliten-Erdfunkstellen und -systeme (SES) — Harmonisierte Norm für Satellitenerdfunkstellen für MSS zum Betrieb in den Frequenzbändern 1 980 MHz bis 2 010 MHz (Erde — Weltraum) und 2 170 MHz bis 2 200 MHz (Weltraum — Erde) — Teil 2: Nutzereinrichtungen (UE) für Weitbandsysteme: Harmonisierte EN, die die wesentlichen Anforderungen nach Artikel 3.2 der R&TTE-Richtlinie enthält	29.12.2010			Artikel 3 Absatz 2

(1)	(2)	(3)	(4)	(5)	(6)
ETSI	EN 302 574-3 V1.1.1 Satelliten-Erdfunkstellen und -systeme (SES) — Harmonisierte Norm für Satellitenerdfunkstellen für MSS zum Betrieb in den Frequenzbändern 1 980 MHz bis 2 010 MHz (Erde — Weltraum) und 2 170 MHz bis 2 200 MHz (Weltraum — Erde) — Teil 3: Nutzereinrichtungen (UE) für Schmalbandsysteme: Harmonisierte EN, die die wesentlichen Anforderungen nach Artikel 3.2 der R&TTE-Richtlinie enthält	29.12.2010			Artikel 3 Absatz 2
ETSI	EN 302 608 V1.1.1 Elektromagnetische Verträglichkeit und Funkspektrumangelegenheiten (ERM) — Funkanlagen mit geringer Reichweite (SRD) — Funkgeräte für Eurobalise-Eisenbahnsysteme — Harmonisierte EN, die wesentliche Anforderungen nach Artikel 3.2 der R&TTE-Richtlinie enthält	15.12.2009			Artikel 3 Absatz 2
ETSI	EN 302 609 V1.1.1 Elektromagnetische Verträglichkeit und Funkspektrumangelegenheiten (ERM) — Funkanlagen mit geringer Reichweite (SRD) — Funkgeräte für Euroloop-Eisenbahnsysteme — Harmonisierte EN, die wesentliche Anforderungen nach Artikel 3.2 der R&TTE-Richtlinie enthält	15.12.2009			Artikel 3 Absatz 2
ETSI	EN 302 617-2 V1.1.1 Elektromagnetische Verträglichkeit und Funkspektrumangelegenheiten (ERM) — Bodengestützte UHF-Sender, -Empfänger und -Sende/Empfangsgeräte für den mobilen UHF-Flugfunkdienst mit Amplitudenmodulation — Teil 2: Harmonisierte EN, die die wesentlichen Anforderungen nach Artikel 3.2 der R&TTE-Richtlinie enthält	15.4.2011			Artikel 3 Absatz 2
ETSI	EN 302 623 V1.1.1 Drahtlose Breitband-Zugangssysteme (BWA) im Frequenzband von 3 400 MHz to 3 800 MHz — Mobile Endgerätestationen — Harmonisierte EN, die die wesentlichen Anforderungen nach Artikel 3.2 der R&TTE-Richtlinie enthält	15.12.2009	EN 301 908-13 V6.2.1 Anmerkung 2.1		Artikel 3 Absatz 2

(1)	(2)	(3)	(4)	(5)	(6)
ETSI	EN 302 625 V1.1.1 Elektromagnetische Verträglichkeit und Funkspektrumangelegenheiten (ERM) — 5-GHz-Breitband-Anwendungen für die Katastrophenhilfe — Harmonisierte EN, die die wesentlichen Anforderungen nach Artikel 3.2 der R&TTE-Richtlinie enthält	10.8.2010			Artikel 3 Absatz 2
ETSI	EN 302 645 V1.1.1 Elektromagnetische Verträglichkeit und Funkspektrumangelegenheiten (ERM) — Funkanlagen mit geringer Reichweite (SRD) — Repeater für globale Satellitennavigationssysteme (GNSS) — Harmonisierte EN, die die wesentlichen Anforderungen nach Artikel 3.2 der R&TTE-Richtlinie enthält	10.8.2010			Artikel 3 Absatz 2
ETSI	EN 302 686 V1.1.1 Intelligente Transportsysteme (ITS) — Funkkommunikationsgeräte zum Betrieb im Frequenzbereich von 63 GHz bis 64 GHz — Harmonisierte EN, die die wesentlichen Anforderungen nach Artikel 3.2 der R&TTE-Richtlinie enthält	15.4.2011			Artikel 3 Absatz 2
ETSI	EN 302 729-2 V1.1.2 Elektromagnetische Verträglichkeit und Funkspektrumangelegenheiten (ERM) — Funkanlagen mit geringer Reichweite (SRD) — Radargerät zur Sondierung des Füllstands (LPR), das in den Frequenzbereichen von 6 GHz bis 8,5 GHz, 24,05 GHz bis 26,5 GHz und 57 GHz bis 64 GHz und 75 GHz bis 85 GHz arbeitet — Teil 2: Harmonisierte EN, die die wesentliche Anforderungen nach Artikel 3.2 der R&TTE-Richtlinie enthält	21.9.2011			Artikel 3 Absatz 2
ETSI	EN 302 752 V1.1.1 Elektromagnetische Verträglichkeit und Funkspektrumangelegenheiten (ERM) — Aktive Radarzielverstärker — Harmonisierte EN, die die wesentlichen Anforderungen nach Artikel 3.2 der R&TTE-Richtlinie enthält	10.8.2010			Artikel 3 Absatz 2

(1)	(2)	(3)	(4)	(5)	(6)
ETSI	EN 302 774 V1.2.1 Drahtlose Breitband-Zugangssysteme (BWA) im Frequenzband von 3 400 MHz bis 3 800 MHz; Basisstationen; Harmonisierte EN, die die wesentlichen Anforderungen nach Artikel 3.2 der R&TTE-Richtlinie enthält	23.10.2012	EN 302 774 V1.1.1 EN 301 908-18 V7.1.2 EN 301 908-14 V6.2.1 Anmerkung 2.1	Datum abgelaufen (31.12.2013)	Artikel 3 Absatz 2
ETSI	EN 302 858-2 V1.2.1 Elektromagnetische Verträglichkeit und Funkspektrumangelegenheiten (ERM) — Straßentransport- und Verkehrstelematik (RTTT) — Radargeräte mit geringer Reichweite, die im Bereich 24,05 GHz bis 24,25 GHz arbeiten — Teil 2: Harmonisierte EN, die die wesentlichen Anforderungen nach Artikel 3.2 der R&TTE-Richtlinie enthält	11.4.2012			Artikel 3 Absatz 2
ETSI	EN 302 858-2 V1.3.1 Elektromagnetische Verträglichkeit und Funkspektrumangelegenheiten (ERM) — Straßentransport- und Verkehrstelematik (RTTT) — Radargeräte für Fahrzeuge, die im Frequenzband von 24,05 GHz bis 24,25 GHz oder bis 24,50 GHz arbeiten — Teil 2: Harmonisierte EN, die die wesentlichen Anforderungen nach Artikel 3.2 der R&TTE-Richtlinie enthält	12.9.2014	EN 302 858-2 V1.2.1 Anmerkung 2.1	31.7.2015	Artikel 3 Absatz 2
ETSI	EN 302 885-2 V1.1.1 Elektromagnetische Verträglichkeit und Funkspektrumangelegenheiten (ERM) — Tragbare VHF-Funktelefongeräte für den maritimen mobilen Seefunkdienst zum Betrieb in den VHF-Bändern mit integrierten Handgeräten für DSC Klasse D — Teil 2: Harmonisierte EN, die die wesentlichen Anforderungen nach Artikel 3.2 der R&TTE-Richtlinie enthält	11.4.2012			Artikel 3 Absatz 2
ETSI	EN 302 885-2 V1.2.2 tromagnetische Verträglichkeit und Funkspektrumangelegenheiten (ERM) — Tragbare VHF-Funktelefongeräte für den maritimen mobilen Seefunkdienst zum Betrieb in den VHF-Bändern mit integrierten Handgeräten für DSC Klasse D — Teil 2: Harmonisierte EN, die die wesentlichen Anforderungen nach Artikel 3.2 der R&TTE-Richtlinie enthält	12.9.2014	EN 302 885-2 V1.1.1 Anmerkung 2.1	31.12.2015	Artikel 3 Absatz 2

(1)	(2)	(3)	(4)	(5)	(6)
ETSI	EN 302 885-3 V1.1.1 Elektromagnetische Verträglichkeit und Funkspektrumangelegenheiten (ERM) — Tragbare VHF-Funktelefongeräte für den maritimen mobilen Seefunkdienst zum Betrieb in den VHF-Bändern mit integrierten Handgeräten für DSC Klasse D — Teil 3: Harmonisierte EN, die die wesentlichen Anforderungen nach Artikel 3.3(e) der R&TTE-Richtlinie enthält	11.4.2012			Artikel 3.3
ETSI	EN 302 885-3 V1.2.2 Elektromagnetische Verträglichkeit und Funkspektrumangelegenheiten (ERM) — Tragbare VHF-Funktelefongeräte für den maritimen mobilen Seefunkdienst zum Betrieb in den VHF-Bändern mit integrierten Handgeräten für DSC Klasse D — Teil 3: Harmonisierte EN, die die wesentlichen Anforderungen nach Artikel 3.3(e) der R&TTE-Richtlinie enthält	12.9.2014	EN 302 885-3 V1.1.1 Anmerkung 2.1	31.12.2015	Artikel 3.3
ETSI	EN 302 961-2 V1.2.1 Elektromagnetische Verträglichkeit und Funkspektrumangelegenheiten (ERM) — Persönliche Seenotrettungs-Funkbaken für den Betrieb auf der Frequenz 121,5 MHz nur für Such- und Rettungszwecke — Teil 2: Harmonisierte EN nach Artikel 3.2 der R&TTE-Richtlinie	12.10.2013	EN 300 152-2 V1.1.1 Anmerkung 2.1	Datum abgelaufen (30.4.2015)	Artikel 3 Absatz 2
ETSI	EN 302 977 V1.1.2 Satelliten-Erdfunkstellen und -systeme (SES) — Harmonisierte EN für auf Fahrzeugen montierte Erdfunkstellen (VMES) zum Betrieb in den Frequenzbändern 12/14 GHz, die die wesentlichen Anforderungen nach Artikel 3.2 der R&TTE-Richtlinie enthält	10.8.2010			Artikel 3 Absatz 2
ETSI	EN 302 998-1 V1.1.1 Elektromagnetische Verträglichkeit und Funkspektrumsangelegenheiten (ERM); Sendegeräte zur Bereitstellung von multimedialen Mehrfachübertragungsdiensten für terrestrisches Mobilfernsehen; Teil 1: Harmonisierte EN, die die wesentlichen Anforderungen nach Artikel 3.2 der R&TTE-Richtlinie enthält, Gemeinsame Anforderungen	21.9.2011			Artikel 3 Absatz 2

(1)	(2)	(3)	(4)	(5)	(6)
ETSI	EN 302 998-2 V1.1.1 Elektromagnetische Verträglichkeit und Funkspektrumsangelegenheiten (ERM); Sendegeräte zur Bereitstellung von multimedialen Mehrfachübertragungsdiensten für terrestrisches Mobilfernsehen; Teil 2: Harmonisierte EN, die die wesentlichen Anforderungen nach Artikel 3.2 der R&TTE-Richtlinie enthält, Testanordnungen für Sender die OFDM als Modulationsverfahren nutzen	21.9.2011			Artikel 3 Absatz 2
ETSI	EN 303 035-1 V1.2.1 Terrestrischer Bündelfunk (TETRA); Harmonisierte EN für TETRA-Endgeräte und -Infrastruktur entsprechend den wesentlichen Anforderungen unter Artikel 3.2 der R&TTE Direktive; Part 1; Voice plus Data (V+D)	10.8.2002	EN 303 035-1 V1.1.1 Anmerkung 2.1	Datum abgelaufen (30.9.2003)	Artikel 3 Absatz 2
ETSI	EN 303 035-2 V1.2.2 Terrestrischer Bündelfunk (TETRA); Harmonisierte EN für TETRA-Endgeräte und -Infrastruktur entsprechend den wesentlichen Anforderungen unter Artikel 3.2 der R&TTE Direktive; Part 2: Direct Mode Operation (DMO)	26.3.2003	EN 303 035-2 V1.2.1 Anmerkung 2.1	Datum abgelaufen (31.10.2004)	Artikel 3 Absatz 2
ETSI	EN 303 039 V1.1.1 Elektromagnetische Verträglichkeit und Funkspektrumangelegenheiten (ERM) — Mobiler Landfunkdienst — Mehrkanal Senderspezifikation für den PMR-Dienst — Harmonisierte EN, die die wesentlichen Anforderungen nach Artikel 3.2 der R&TTE-Richtlinie enthält	12.9.2014			Artikel 3 Absatz 2
ETSI	EN 303 084 V1.1.1 Boden-Bord-VHF-Datenrundsendungen (VDB) des bodengestützten Verbesserungssystems (GBAS) — Technische Kennwerte und Messmethoden für Bodenausrüstung — Harmonisierte Norm, die die wesentlichen Anforderungen nach Artikel 3.2 der R&TTE-Richtlinie enthält	12.10.2013			Artikel 3 Absatz 2

(1)	(2)	(3)	(4)	(5)	(6)
ETSI	EN 303 098-2 V1.2.1 Elektromagnetische Verträglichkeit und Funkspektrumangelegenheiten (ERM) — Maritime Funkgeräte mit geringer Leistung zur Zielsuche von Personen mittels AIS — Teil 2: Harmonisierte EN nach Artikel 3.2 der R&TTE-Richtlinie	17.4.2015			Artikel 3 Absatz 2
ETSI	EN 303 135 V1.1.1 Elektromagnetische Verträglichkeit und Funkspektrumangelegenheiten (ERM) — Radare für Küstenüberwachung, Schiffsverkehrsdienste und Häfen (CS/VTS/HR) — Harmonisierte EN, die die wesentlichen Anforderungen nach Artikel 3.2 der R&TTE-Richtlinie enthält	17.4.2015			Artikel 3 Absatz 2
ETSI	EN 303 203-2 V1.1.1 Elektromagnetische Verträglichkeit und Funkspektrumangelegenheiten (ERM) — Funkanlagen mit geringer Reichweite (SRD) — Körpernahe, medizinische Funknetzsysteme (MBANSs) die im Bereich 2 483,5 MHz bis 2 500 MHz arbeiten — Teil 2: Harmonisierte EN, die die wesentlichen Anforderungen nach Artikel 3.2 der R&TTE-Richtlinie enthält	17.4.2015			Artikel 3 Absatz 2
ETSI	EN 303 204-2 V1.1.1 Elektromagnetische Verträglichkeit und Funkspektrumangelegenheiten (ERM) — Netzbasierte Funkanlagen mit geringer Reichweite (SRD) — Funkgeräte zur Verwendung im Frequenzbereich von 870 MHz bis 876 MHz mit Ausgangsleistungen bis zur 500 mW — Teil 2: Harmonisierte EN, die die wesentlichen Anforderungen nach Artikel 3.2 der R&TTE-Richtlinie enthält	17.4.2015			Artikel 3 Absatz 2
ETSI	EN 303 213-6-1 V1.1.1 Erweitertes Bodenverkehrsleit- und Kontrollsystem (A-SMGCS) — Teil 6: Harmonisierte EN, die die wesentlichen Anforderungen nach Artikel 3.2 der R&TTE-Richtlinie für dislozierte Rollfeldradarsensoren enthält — Teil 6-1: Sensoren, die gepulste Signale mit einer Sendeleistung von bis zu 100 kW verwenden	11.4.2012			Artikel 3 Absatz 2

(1)	(2)	(3)	(4)	(5)	(6)
ETSI	EN 303 213-6-1 V1.2.1 Erweitertes Bodenverkehrsleit- und Kontrollsystem (A-SMGCS) — Teil 6: Harmonisierte EN, die die wesentlichen Anforderungen nach Artikel 3.2 der R&TTE-Richtlinie für dislozierte Rollfeldradarsensoren enthält — Teil 6-1: X-Band Sensoren, die gepulste Signale mit einer Sendeleistung von bis zu 100 kW verwenden	12.9.2014	EN 303 213-6-1 V1.1.1 Anmerkung 2.1	31.8.2015	Artikel 3 Absatz 2
ETSI	EN 303 978 V1.1.2 Satelliten-Erdfunkstellen und –systeme (SES) — Harmonisierte EN für Erdfunkstellen auf mobilen Plattformen (ESOMP), die in Richtung geostationärer Satelliten im 27,5 GHz bis 30,0 GHz Frequenzband senden, die die wesentlichen Anforderungen nach Artikel 3.2 der R&TTE-Richtlinie enthält	12.10.2013			Artikel 3 Absatz 2
ETSI	EN 305 550-2 V1.1.1 Elektromagnetische Verträglichkeit und Funkspektrumangelegenheiten (ERM) — Funkanlagen mit geringer Reichweite (SRD) — Funkgeräte zur Verwendung im Frequenzbereich von 40 GHz bis 246 GHz — Teil 2: Harmonisierte EN, die die wesentlichen Anforderungen nach Artikel 3.2 der R&TTE-Richtlinie enthält	11.4.2012			Artikel 3 Absatz 2
ETSI	EN 305 550-2 V1.2.1 Elektromagnetische Verträglichkeit und Funkspektrumangelegenheiten (ERM) — Funkanlagen mit geringer Reichweite (SRD) — Funkgeräte zur Verwendung im Frequenzbereich von 40 GHz bis 246 GHz — Teil 2: Harmonisierte EN, die die wesentlichen Anforderungen nach Artikel 3.2 der R&TTE-Richtlinie enthält	17.4.2015	EN 305 550-2 V1.1.1 Anmerkung 2.1	31.7.2016	Artikel 3 Absatz 2
ETSI	ETS 300 487/A1 ED.1 Satelliten-Erdfunkstellen und -systeme (SES); Mobile Empfangs-Erdfunkstellen (ROMES) zur Einwegdatenübertragung im 1,5 GHz-Frequenzband; Funkfrequenzfestlegungen	5.4.2001			Artikel 3 Absatz 2

(¹)　ENO: Europäische Normungsorganisation:
—　CEN: Avenue Marnix 17, B-1000, Bruxelles, Tel. +32 2 5500811; Fax + 32 2 5500819 (http://www.cen.eu)
—　CENELEC: Avenue Marnix 17, B-1000, Bruxelles, Tel. +32 2 5196871; Fax + 32 2 5196919 (http://www.cenelec.eu)
—　ETSI: 650, route des Lucioles, F-06921 Sophia Antipolis, Tel. +33 492 944200; Fax +33 493 654716, (http://www.etsi.eu)

Anmerkung 1:   Allgemein wird das Datum des Erlöschens der Konformitätsvermutung das Datum der Zurücknahme sein („Dow"), das von der europäischen Normungsorganisation bestimmt wird, aber die Benutzer dieser Normen werden darauf aufmerksam gemacht, dass dies in bestimmten Ausnahmefällen anders sein kann.

Anmerkung 2.1:   Die neue (oder geänderte) Norm hat den gleichen Anwendungsbereich wie die ersetzte Norm. Zum festgelegten Datum gilt für die ersetzte Norm nicht mehr die Vermutung der Konformität mit den grundlegenden oder weiteren Anforderungen der einschlägigen Rechtsvorschriften der Union.

Anmerkung 2.2:   Die neue Norm hat einen größeren Anwendungsbereich als die ersetzte Norm. Zum festgelegten Datum gilt für die ersetzte Norm nicht mehr die Vermutung der Konformität mit den grundlegenden oder weiteren Anforderungen der einschlägigen Rechtsvorschriften der Union.

Anmerkung 2.3:   Die neue Norm hat einen engeren Anwendungsbereich als die ersetzte Norm. Zum festgelegten Datum gilt für die (teilweise) ersetzte Norm nicht mehr die Vermutung der Konformität mit den grundlegenden oder weiteren Anforderungen der einschlägigen Rechtsvorschriften der Union für jene Produkte oder Dienstleistungen, die in den Anwendungsbereich der neuen Norm fallen. Die Vermutung der Konformität mit den grundlegenden oder weiteren Anforderungen der einschlägigen Rechtsvorschriften der Union zu Produkten oder Dienstleistungen, die noch in den Anwendungsbereich der (teilweise) ersetzten Norm, aber nicht in den Anwendungsbereich der neuen Norm fallen, ist nicht betroffen.

Anmerkung 3:   Bei Änderungen setzt sich die betroffene Norm aus EN CCCCC:YYYY, ihren vorangegangenen Änderungen, falls vorhanden, und der zitierten neuen Änderung zusammen. Die ersetzte Norm besteht folglich aus EN CCCCC:YYYY und ihren vorangegangenen Änderungen, falls vorhanden, jedoch ohne die zitierte neue Änderung. Ab dem festgelegten Datum besteht für die ersetzte Norm nicht mehr die Vermutung der Konformität mit den grundsätzlichen oder weiteren Anforderungen der einschlägigen Rechtsvorschriften der Union.

ANMERKUNG:

— Normen, die unter den Richtlinien 2006/95/EG, 2004/108/EG, 90/385/EWG und 93/42/EWG veröffentlicht sind, können zusätzlich genutzt werden, um die Vereinbarkeit mit Art. 3.1.a und 3.1.b der Richtlinie 1999/5/EG zu belegen.

— Produkte gelten als mit der Richtlinie übereinstimmend, wenn sie die dem vorgesehenen Verwendungszweck entsprechenden Anforderungen erfüllen.

— Alle Anfragen zur Verfügbarkeit der Normen müssen an eine der europäischen Normungsorganisationen oder an eine nationale Normungsorganisation gerichtet werden, deren Liste nach Artikel 27 der Verordnung (EU) Nr. 1025/2012 ([1]) im *Amtsblatt der Europäischen Union* veröffentlicht wird.

— Normen werden von den europäischen Normungsorganisationen auf Englisch verabschiedet (CEN und CENELEC veröffentlichen auch in französischer und deutscher Sprache). Anschließend werden die Titel der Normen von den nationalen Normungsorganisationen in alle anderen benötigten Amtssprachen der Europäischen Union übersetzt. Die Europäische Kommission ist für die Richtigkeit der Titel, die zur Veröffentlichung im Amtsblatt vorgelegt werden, nicht verantwortlich.

— Verweise auf Berichtigungen „.../AC:YYYY" werden ausschließlich zu Informationszwecken veröffentlicht. Berichtigungen dienen der Behebung von Druck-, sprachlichen und anderen Fehlern im Wortlaut der Norm und können sich auf eine oder mehrere Sprachfassungen (Englisch, Französisch und/oder Deutsch) einer durch die europäischen Normungsorganisationen angenommenen Norm beziehen.

— Die Veröffentlichung der Referenzen im *Amtsblatt der Europäischen Union* bedeutet nicht, dass die Normen in allen Amtssprachen der Europäischen Union verfügbar sind.

— Dieses Verzeichnis ersetzt die vorhergegangenen, im *Amtsblatt der Europäischen Union* veröffentlichten Verzeichnisse. Die Europäische Kommission sorgt für die Aktualisierung dieses Verzeichnisses.

— Mehr Informationen über harmonisierte und andere europäische Normen finden Sie online unter:

http://ec.europa.eu/growth/single-market/european-standards/harmonised-standards/index_en.htm

---

([1])   ABl. L 316 vom 14.11.2012, S. 12.